肉牛优质高效饲养与常见疫病防治

马晓平　欧四海　李玉森　主编

中国农业科学技术出版社

图书在版编目（CIP）数据

肉牛优质高效饲养与常见疫病防治 / 马晓平，欧四海，李玉森主编. --北京：中国农业科学技术出版社，2024. 1

ISBN 978-7-5116-6488-4

Ⅰ. ①肉… Ⅱ. ①马…②欧…③李… Ⅲ. ①肉牛-饲养管理-指南②兽疫-防疫-指南 Ⅳ. ①S823. 9-62②S851. 3-62

中国国家版本馆 CIP 数据核字（2023）第 204525 号

责任编辑 张国锋
责任校对 贾若妍 李向荣
责任印制 姜义伟 王思文

出 版 者 中国农业科学技术出版社
北京市中关村南大街 12 号 邮编：100081
电 话 （010）82106625（编辑室） （010）82109702（发行部）
（010）82109709（读者服务部）
网 址 https://castp. caas. cn
经 销 者 各地新华书店
印 刷 者 北京富泰印刷有限责任公司
开 本 170 mm×240 mm 1/16
印 张 13. 75
字 数 300 千字
版 次 2024 年 1 月第 1 版 2024 年 1 月第 1 次印刷
定 价 48. 00 元

《肉牛优质高效饲养与常见疫病防治》

编 委 会

主　编	马晓平	欧四海	李玉森	
副主编	植广林	王利军	汲佳佳	赵红霞
	王兴平	刘嫣然		
编　委	张天勇	张　楠	许桂玲	董书伟
	李鹏飞	杨肖祎	韩　勇	赵　华
	张明辉	孙爱平		

前　言

随着人民生活水平和质量的不断提高，牛肉需求不断增加；特别是在习近平新时代中国特色社会主义思想指引下，围绕现代农业产业化建设这个核心，全国各地在乡村振兴、产业兴旺上持续发力，把发展优质高效肉牛养殖产业作为发展农村经济、增加农民收入的重要举措，促使我国肉牛养殖规模也在不断扩大，从开始的散养到家庭农场式小规模养殖，再到标准化、集约化的肉牛养殖，正在全国各地兴起。为此，掌握肉牛优质高效饲养技术和常见疫病的防治技术，是肉牛养殖场户提高养殖效益、降低疫病风险，确保肉牛健康和增产的关键。

本书从肉牛场建设和环境控制入手，教会肉牛从业者熟悉各种肉牛品种和繁殖技术，肉牛饲料加工调制技术，肉牛各生长、生产阶段饲养技术及常见疫病防治技术。编写过程中，强调理论通俗化，技术实用化，语言简洁化，使本书成为农村肉牛养殖工作者的好帮手，也适合农业院校相关专业师生阅读参考。

本书的出版获得“国家现代农业产业技术体系四川肉牛创新团队岗位专家项目（编号：SCCXTD-2022-13）”资助。

因编者水平有限，不足之处敬请读者在阅读使用过程中不吝指出。

编　者

2023 年 7 月

目　　录

第一章　肉牛场建设与环境控制

第一节　肉牛场的场址选择与布局

一、肉牛场选址

（一）场地要求

肉牛场场址的选择要有周密考虑，更要符合防疫规范要求、通盘考虑，要有发展的余地和长远的规划，和现代规模化、标准化养牛相适应。因此，要与当地农牧业发展规划、农田基本建设规划以及今后修建住宅规划等相结合，节约用地，不占用或尽量少占用可耕地。

牛场应选在距离饲料生产基地和放牧地较近、交通便利，供电、供水方便的地方，但不要靠近交通要道与工厂、住宅区，以利于防疫和环境保护。

牛场场址应选择地势高燥、平坦，在丘陵山地建场应选择向阳坡，坡度不超过20°。平原沼泽低洼地、丘陵山区峡谷、潮湿阴冷、光线不足、空气流通不畅等，不利于牛体健康和正常生产。高山山顶虽然地势高燥，但风力大、气温变化剧烈，交通运输也不方便。因此，以上地方都不宜选作牛场的场址。场区土壤质量符合GB 15618的规定，最好是沙性土壤，透水透气性好；场区需要设置2%~5%的排水坡度，用于排水、防涝；如在山区建场，宜选在向阳缓坡地带，坡度小于15%，平行等高线布置，切忌在山顶、坡底谷地或风口等地段建场。

（二）运输要求

牛场场址选择时要考虑饲草、饲料正常供应和产品销售，应保证交通便利，牛场外应通公路，但不应与主要交通线路交叉，交通便利，场界距离交通干线不少于200米，距居民居住区和其他畜牧场不少于1 000米，距离畜产品加工场不少于1 000米。养牛场区需要修建在各种天气条件下能够供饲料车、维修人员、兽医等车辆和工作人员通行的道路，需要满足最小道路宽度和转弯半径的要求。

（三）安全、防疫要求

①为确保牛场不被外界病原菌污染，牛场与各种化工厂、畜禽产品加工厂等保持一定距离，而且不应将养牛场设在其下风向，远离人口密集区与居民点，并应处在下风向和水源的下游。

②牛场四周建有围墙、防疫沟，并配有绿化隔离带，牛场大门入口处设有车辆强制消毒设施。大门口消毒池长不小于4米、宽不小于3米、深不小于0.2米，消毒池应设有遮雨棚。

③生产区应与生活区严格隔离，在生产区入口处设人员消毒更衣室，在牛舍入口处设地面消毒池。

④粪污处理区与病死牛处理区按夏季主导风向设于生产区的下风向处。

⑤病死牛只处理暂按农业农村部2022年5月公布的《病死畜禽和病害畜禽产品无害化处理管理办法》的规定。

⑥牛舍内空气质量应符合《畜禽环境质量标准》的规定。

⑦需要充分考虑防盗、蓄意破坏和故意放火的问题。

⑧以下地段或地区不得建场：水保护区、旅游区、自然保护区、环境污染严重区、畜禽疫病常发区和山谷洼地等洪涝威胁地段。

（四）用料、用水、用电要求

1. 用料要求

养牛所需饲料特别是粗饲料需要量大，所以牛场应选择在距离秸秆、青贮和干草饲料资源较近的位置，以保证饲草、饲料正常供应，以减少运输成本。

2. 用水要求

水是牛维持生命、健康和生产力发挥的必要条件，牛场需水量较大，一般情况下，100头成年牛每天的需水量，包括饮水、清洗用具、洗刷牛舍和牛体等，至少需要20~30吨。因此，牛场场址应选在水源充足、水质良好之处，以保障正常供应，并注意水中的微量元素成分与含量，溪、河、湖、塘等地面水应尽可能地经过净化处理后再使用，并要保持水源周围环境的清洁卫生。

3. 用电要求

需要满足养牛场内加热、照明、泵、车辆等用电要求，通过接地尽量减少漂移电压的问题。另外需要配备备用发电机组以便在断电时使用。养牛场的电力系统可以根据当地电力供应情况接入三相电。

（五）风雪控制

设置防风带有助于改变冬天的风向和控制暴雪。可以充分利用现有树木、建筑、小山坡、干草堆等的防风作用，但同时需要注意不能阻碍夏季的通风和排水。

二、肉牛场的规划与布局

肉牛养殖场内各种建筑物的配置要本着以下原则进行规划：建筑紧凑，在节约土地、满足当前生产需要的同时，综合考虑将来扩建和改造的可能性。按每头牛 18~20 米^2 计算，合理布局、统筹安排。应做到整齐、紧凑、节约基本建设投资、有利于整个生产过程和便于防疫，并注意防火安全。

（一）生活管理区

生活管理区包括办公室、财务室、接待室、档案资料室、党建活动室、实验室、员工宿舍等。管理区要和生产区、生产辅助区以及病牛隔离治疗区严格分开，并位于场区全年主导风向的上风处或侧风处，并紧邻场区大门内侧集中布置。

条件允许，生活管理区可直接建楼房，低层办公，高层住宿和设置党建室、娱乐活动房、会议室等，楼前配置景观花园、运动场、健身器材等，绿化以乔木、灌木为主，点缀花草。其他用房可建平房。

（二）生产区

生产区主要包括牛舍、运动场、积粪场等，生产区是牛场的核心区域，应设在地势较低的地方，既要满足通风要求还要满足采光的要求。牛舍之间距离要保持适当，布局要整齐，以便饲养和防疫防火。牛舍的建设要集中，节约占用面积以及水电线路管道，缩短饲草饲料及粪便运输距离，便于科学管理。运动场要满足肉牛活动面积，以每头牛 4~10 米^2 为宜。积粪场地要修建在牛舍和运动场地的下风口，相对牛舍和活动场的地势要低一些，方便粪便清理，也防止环境污染以及疫情传播。生产区要严格控制场外人员和车辆进入。

（三）生产辅助区

生产辅助区包括饲料库房、饲料加工车间、青贮池、机械车辆库、配种室及兽医室、干草大棚等。其中饲料库、干草棚、加工车间和青贮池要离牛舍近一些，方便车辆运送草料，减轻劳动强度，提高饲养效率。但必须防止牛舍和运动场的污水渗入而污染草料饲料。所以，饲料库、干草储存库房、加工车间和青贮池一般都应修建在地势较高的地方。另外生产区和辅助生产区要用围墙或者围栏与外界隔离。养殖场的大门口应设立门卫监控室，严禁非生产人员出入场地，出入人员和车辆必须先经过彻底消毒。

（四）病牛隔离治疗区

病牛隔离治疗区包括诊断室、手术解剖室以及病牛隔离治疗观察舍等，应设在生产区和生产辅助区的下风口以及地势较低的地方，距离 80 米以上为宜。病牛隔离治疗区应与其他区域隔离，设有单独通道，既便于消毒，又便于污物处理等。

（五）场区配套

1. 场区道路

与外界应有专用道路相连通。场内道路分净道和污道，两者严格分开，不得交叉、混用。

场区道路一般与建筑物平行或垂直，路面标高应低于牛舍地面标高 0.2~0.3 米。

净道和污道不交叉。无论净道或污道，凡是与牛行走通道垂直交叉，则应设 1.2~1.4 米宽、与过道等长、深度 0.8~1.0 米的漏缝井，覆盖直径 4.4 厘米的厚壁钢管篦子，便于肉牛顺利行走。

净道路面宜用混凝土浇制，也可采用条石铺制。一般宽 3.5~6.0 米，横坡 1%~1.5%，转弯半径不小于 8 米。污道路面材质可与净道相同，也可用碎石或工程渣土，宽度 3~4 米，横坡 2%~3%。道路上空净高 4 米内没有障碍物。

2. 场区绿化

（1）牛场分区绿化带　牛场在进行分区规划后，对生活区、管理区、肉牛饲养区、多种经营区、粪尿处理区和病牛隔离治疗区除用围墙分离外，同时植树绿化，在围墙两侧各种植乔木、灌木 2~3 排，形成混合隔离林带。

（2）牛场内道路两侧的绿化　在场区车道和人行道两侧，选择树干直立、树冠适中的树种，种植 1~2 排，树阴可降低路面太阳辐射热。同时在路旁种植绿篱美化环境。

（3）营造运动场遮阴林　在运动场南侧和东西两侧围栏外种植 1~2 排遮阴林。一般可选择枝叶开阔的树种，使运动场有较多的树阴供牛休息。这些绿化措施，不仅可以优化养牛场本身的生态条件，减少污染，有利于防疫，而且可以明显地改善场区的温度、湿度和防风，改善环境空气质量。另外，在牛舍周围、运动场和道路旁种植快速生长林木，遮阴降温，减少阳光的直射，能降低高温的应激危害。同时，使人们在场区内能够舒适地工作，对人体健康也有好处。可根据当地实际种植能美化环境、净化空气的树种和花草，不宜种植有毒、有刺、有飞絮的植物。

3. 供水

水源充足，取用方便，每 100 头存栏牛每天需水 20~30 吨，水质应符合 GB 5749 的规定。水源采用地下水或民用自来水，每小时供水能力不小于 60 米^3。供水管线安装时应考虑到寒冷地区冬季不被破坏，并与排污管线保持一定距离。管材一般采用聚乙烯（PE）或硬聚氯乙烯（PVC）系列塑料管。

4. 供电

电力充足可靠，符合 GBJ 52 的要求。

5. 供暖

办公区、宿舍及生活辅助区冬季供暖，采用环保锅炉、电热、沼气等提供热源。

6. 饲草饲料区

饲草饲料区设在生产区下风口、地势较高的地方，与其他建筑物保持 50 米防火距离。饲草饲料库要设在靠近饲料加工车间，并距离牛舍近一些的位置，车辆可以直接到达饲草饲料库门口，以便于加工取用。

（1）饲料加工车间　应设在距牛舍 20~30 米以外，在牛场边上靠近公路的地方，可在围墙一侧另开一侧门，便于原料运入，又可防止噪声影响牛场并减少粉尘污染。库房应宽敞、干燥，通风良好。室内地面应高出室外 30~50 厘米，地面以水泥地面为宜，下衬垫防水层；房顶要具有良好的隔热、防水性能，窗户要高，门、窗和屋顶均能防鼠、防雀；库内墙壁、顶棚和地面要便于清扫和消毒；整体建筑注意防火等。饲料库和加工车间一般都应建在地势较高的地方，防止污水渗入而污染草料。

（2）精料库　一个规模1 000头的肉牛场，混合群日平均每头精料喂量7千克，原料库存满足2个月饲喂量，原料平均堆放高度2米，整个精料库面积600米^{2}即可满足需要。库内设计需要2.5米高隔墙将散装玉米、麸皮、小麦等原料隔成几个区。精料库一般设计为轻钢结构，檐高5~6米，墙体下部为50厘米砖混结构，之上为单层彩钢瓦，上下均留有通风口。地面为混凝土，比周围场地高20厘米。

（3）干草棚　主要是起到防雨、通风、防潮、防日晒的功能，选址应建在地势较高的地方，或周边排水条件较好的地方，同时棚内地面要高于周边地面防止雨水灌入，一般要高于周边地面10~20厘米。

北方地区降雨较少，可以建成棚式结构，干草棚高度应在5~6米为宜，上下均留有通风口。建造草棚的钢材、彩钢瓦等建筑材料，一定要使用国标产品，以免遭大风、强降雨、强降雪等恶劣气候，造成草棚倒塌和渗漏，给奶牛场造成不必要的损失。干草棚建筑面积应考虑奶牛数量而定，考虑干草储备为6个月的量，一般为长50米、宽20米，面积达到1 000米^{2}即可。干草使用时要从棚内中间位置开始，然后向屋檐两侧，尽可保证这个以干草垒起的墙体的完整，当下雨时这个墙体就如同穿了蓑衣一般，雨水只淋湿表面，雨后很快被风吹干，这样可以起到防雨的作用。干草库不要设计成一栋或连体式，干草库之间要有适当的防火间隔，配置消防栓和消防器材，维修间、设备库、加油站要与干草库保持安全的防火间距。

（4）青贮窖　可设在牛舍附近，便于运输和取用的地方。青贮窖必须坚固耐用，防止牛舍和运动场的污水及阴雨天积水渗入或流入窖内，造成饲草污染或青贮窖坍塌。

青贮窖分地下式、半地下式和地上式3种，以长方形为好，宽15~20米，深2.5~4.0米，长度根据家畜头数和饲料多少决定。窖壁砖砌、水泥挂面，或把窖的四周边缘拍打涂抹，使其坚实平滑，窖底预留排水口。地上式青贮窖适用于地下水位较低和土质坚实的地区，底面与地下水位至少要保持0.5米左右的距离，以防止水渗入窖。地下水位高的地方宜采用半地下式青贮窖。一般根据地下水位高低、当地习惯及操作方便决定采用哪种。规模肉牛场建议选用地上两侧墙的青贮窖：装料快、易压实、易取用、排水好。青贮窖（池）容积大小应根据牛群规模而定，保证容纳的草料足够牛只充分利用一年。青贮建筑物容积大小可估算出来，一般青贮窖（池）每立方米容积可装青贮料500~600千克。肉牛每天平均饲喂量15~20千克。

北方地区有种植胡萝卜的习惯，胡萝卜是肉牛的优质粗饲料，规模肉牛场应该大量收购贮存。贮存胡萝卜一般采用地窖贮藏，地窖可以在肉牛场地下水位较低的地方建设，深度只要挖到地下不出水即可，面积根据收购胡萝卜的数量来定，一般面积有 200 $米^2$ 即可。

第二节　肉牛场的设计与建造

一、肉牛的分群与整体布局

在进行肉牛场规划设计之前，首先要明确肉牛场的生产模式。一般肉牛场的生产有犊牛育肥、犊牛持续育肥、架子牛育肥和高档牛肉生产等四种模式，要根据生产模式、生产目的、牛群生理特点、生活习性、营养需要等对牛群进行分群管理，并制定与其相适应的生活场所、营养水平和饲养管理程序与制度。

肉牛场牛群结构通常根据生产目的分为犊牛舍、繁殖母牛舍、育成牛舍、育肥牛舍等。不同规模和发展阶段牛群结构并不完全相同。通常，在牛群不扩大的情况下，每年需从成年母牛群淘汰老弱病残牛 10%~15%，以确保牛群的合理结构。对于纯种肉牛牛群结构应为 55%成年母牛、30%犊牛、7%后备育成母牛、8%后备青年母牛；对于乳肉兼用牛，牛群结构应为 50%泌乳母牛、20%犊牛、12%后备青年母牛、8%后备育成母牛、6%围产母牛、4%干奶母牛。

二、肉牛舍建筑结构的要求

（一）屋顶

屋顶是牛舍用以通风与隔热，是防御外界风、雨、雪及太阳辐射的屏障，是牛舍冬季保暖和夏季隔热的重要建筑结构。屋顶应防水、隔热、保温、结构轻便、坚固耐用。

（二）墙壁

墙壁是牛舍与外部间隔开来的主要结构，对牛舍内温度、湿度等小气候环境具有重要作用。墙壁应防水、隔热、保温、防火、抗冻、坚固耐用，便于消毒和清洁。

（三）地面

地面是牛舍中牛活动的主要场所。地面应平坦、有弹性、不硬、不滑、不透水、坚实，便于消毒和清洁。

（四）门窗

牛舍的门需设为双开门或上下翻卷门，门上不应有尖锐突出物以防止牛受伤。牛舍的窗多设在墙壁或屋顶，是牛舍重要的散热建筑结构。窗在温热地区应多设，以便于通风；在寒冷地区则需统筹兼顾，以保证冬天保温与夏季通风。

三、肉牛舍类型与设计

肉牛舍的建设应根据当地气候、环境及饲养条件，遵循经济实用、科学合理、符合卫生要求的原则，综合考虑通风、采光、保温以及生产操作等因素。

（一）牛舍的类型

1. 常见的牛舍

根据用途不同可分为公牛舍、繁殖母牛舍、犊牛舍、育肥牛舍及隔离观察牛舍等。

根据舍内分布方式不同，分为单列式、双列式和多列式牛舍。家庭养牛户、规模较小的牛场宜采用单列式牛舍，牛舍只有一排牛床，牛舍跨度小，通风散热面积大，设计简单，易于管理。大型规模养殖场宜采用双列式牛舍，牛舍中有两排牛床，分为对头式和对尾式，其特点是对头式饲喂方便，但清理牛舍粪便不方便；对尾式有利于牛舍通风换气，减少疾病传播，但饲喂较对头式繁复。多列式的牛床有三列以上，常见于大型肉牛场，其特点是便于集中饲养、饲喂和观察同期发情等工作。

根据开放程度不同，分为开放式牛舍、半开放式牛舍、有窗式牛舍和封闭式牛舍。西部天气寒冷的地区，牛舍建筑应充分地考虑冬季保暖，宜采用封闭式牛舍，牛舍完全封闭无窗，其特点是舍内环境气候可人工调控，但该类牛舍造价高，对于建筑物和附属设备要求高。中东部地区应兼顾保温和防暑，宜采用半开放式牛舍。南方地区夏季时间长，气候炎热、潮湿，要防暑、防潮，宜采用开放式牛舍。有窗式牛舍指通过窗户、墙体、屋顶等围护结构形成的全封闭状态的牛舍，其特点是保温隔热性能强，适用于寒冷地区。

根据屋顶结构不同，分为钟楼式、半钟楼式、双坡式、单坡式等。钟楼式屋顶特点是通风好，适于南方地区，但结构复杂，耗料多，造价高。半钟楼式屋顶特点是通风好，但夏季牛舍北侧较热，结构较双侧式复杂。双坡式屋顶的特点是结构简单，造价低，可通过加大门窗面积增强通风换气，冬季关闭门窗有利于保温，适用性强。单坡式屋顶的特点是结构简单，造价较低，冬季采光好，但夏季阳光可直射后墙，舍温较高，应做好通风。

2. 塑料暖棚牛舍

①塑料暖棚要建在地势高燥、平坦、阳光充足，通风良好，坐北朝南的地方。棚型采用单列式，前面是塑料拱棚，后部分为泥瓦结构，这样既可抵挡北风，又可接受阳光照射，有利于提高舍内温度，促进肉牛快速增长。

②牛舍采用半拱圆形塑料暖棚，墙体高度为后墙高 2 米，前墙高 1.2 米，宽度为 0.24 米；山墙脊高度为 3.3 米，墙体全部采用砖结构，水泥抹面。牛舍北侧是喂料通道，南侧是养殖区，棚圈南北跨度为 6 米，长度可根据饲养规模而定。

③塑料薄膜最好是选用聚氯乙烯膜，厚度掌握在 0.2~0.8 毫米。

④舍内温度保持在 5℃以上，过冷天气晚上在塑膜上面加盖草帘。

3. 围栏式散养牛舍

围栏式散养牛舍是指肉牛在围栏内不拴系，散放饲养，牛只自由采食、自由饮水的一种饲养方式。围栏式牛舍多为开放式或棚舍式，并与运动场围栏相结合使用。具有饲喂方便、劳动效率高等优点，但要求牛群中个体大小一致，否则会出现以大欺小、个体生长发育不平衡等问题。此外，一定要注意饲草饲料充足，饲养密度要适宜。

（1）开放式围栏牛舍　牛舍三面有墙，另一面是向阳面可敞开，与运动场围栏相接。水槽、食槽设在舍内，刮风、下雨天气，使牛得到保护，也避免饲草、饲料淋雨变质。舍内及围栏内均铺水泥地面。牛舍内牛床面积以每头牛 2 米^2 为宜，每舍 15~20 头牛。牛舍跨度较小，有单坡式和双坡式，休息场所与活动场所合为一体，牛可自由进出。舍外场地每头牛占地面积为 3~5 米^2。

（2）棚舍式围栏牛舍　与拴系式的棚舍式牛舍类似，四周无墙壁，仅有框架支撑结构，屋顶的结构与常规牛舍相似，但用料简单、重量轻，牛不拴系，一般采用双列头对头饲养，中间为饲料通道，通道两侧皆为饲槽。适用于冬季不太寒冷的地区。

（二）牛舍的建筑要求

牛舍建筑首先要考虑气候因素。我国不同区域的气候条件差异很大，牛舍建筑的基本要求也不尽相同，南方湿润炎热，对夏季防暑降温的要求很高，而北方地区寒冷，则主要以防寒为主，对于中部地区，虽然气候环境较为适宜，但防寒防暑工作也不容忽视；其次，考虑品种、类群、年龄等牛的因素；再次，考虑建材，要因地制宜，就地取材，建造经济实用的牛舍，有条件的，可建质量高的牛舍；最后要符合兽医卫生要求，做到科学合理。牛舍建筑的基本要求体现在以下几点。

1. 环境适宜，注意方位

牛舍朝向主要根据保暖和采光确定。多为坐北朝南，长轴东西向。牛舍位置的设置尽量做到冬暖夏凉。中国地处北纬20°~50°，牛舍朝向在全国范围内均以南向（即肉牛舍长轴与纬度平行）为好。南方夏季炎热，以适当向东偏转为好。从通风的角度讲，夏季需要牛舍有良好的通风，牛舍纵轴与夏季主导风向角度应该大于45°；冬季要求冷空气尽可能少地侵入，牛舍纵轴与主导风向角度应该小于45°。

2. 隔热

隔热主要是为隔绝畜舍外热量向畜舍内部传播。牛舍的周围热源主要包括：太阳及相邻建筑物和附近路面等的辐射热；外界热空气流动带来的对流热。其中以辐射热为主。

主要隔热措施：建筑材料的选择。牛舍的隔热效果主要取决于屋顶与外墙的隔热能力。以前常用的黏土瓦、石棉水泥板隔热能力低，需要在其下面设置隔热层，隔热层一般采用炉灰、锯末、岩棉等填充材料。国内近年有许多新建牧场采用彩钢保温夹芯板作为屋顶和墙体材料，该类板材具有保温隔热、防火防水、外形美观、色泽艳丽、安装拆卸方便等特点。在我国西北地区，因地域广袤，如果允许可以掏挖窑洞做牛舍，保暖隔热效果很好。

此外，封闭的空气夹层可起到良好的保温作用，畜舍加装吊顶也可提高屋顶的保温隔热能力。

其他隔热措施：建筑外屋顶和墙壁粉刷成白色或浅色调，可反射大部分太阳辐射，从而减少畜舍热量吸收；通过畜舍周围种植高大阔叶树木遮阳等措施隔热。

3. 保温

寒冷地区牛舍建造过程中还需要考虑冬季保温。在做好屋顶和墙体隔热措施的基础上，注意地面保温。保温地面结构自上而下通常由混凝土层、碎石填料层、隔潮层、保温层等构成。地面要耐磨、防滑、排水要良好。铺设橡胶床垫，以及使用锯末等垫料，也能够起到增大地面热阻，减少机体失热的效果。

4. 防潮

牛舍潮湿容易染病。防止舍内潮湿，主要可以采取以下几种措施。

(1) 建筑物结构防水　常用的防水材料有油毡、沥青、黏土平瓦、水泥平瓦等。选用好的防潮材料，在建造过程中加置防潮层，在屋面、地面以及各连接处使用防潮材料。

(2) 减少舍内潮湿的产生　经常采用的措施包括及时将粪尿清理到畜舍外面；减少畜舍冲洗次数，尽量保持舍内干燥；合理组织通风等。

5. 通风

良好的通风，主要实现牛舍空气新鲜、降低湿度和温度。设计牛舍通风系统的原则如下。

(1) 保证牛舍新鲜的空气　畜舍气体交换可以通过自然通风或强制送风来实现，最好是两者相结合。

(2) 灵活的控制方式　通风系统可以通过电扇、窗帘、窗户和通风门的启闭，实现针对畜舍内外环境变化的灵活控制。

(3) 广泛的适应性　通风系统能够满足一年四季不同的气候变化，同时可以实现连续的低频率的空气交换以便持续不断地移除牛产生的污浊湿气；根据温度控制的强制气体交换以便通过气体交换带走热量；高速率气体交换以便在炎热夏季为肉牛降温除湿。

6. 透光

牛舍通风透光性能要好，以使太阳光线直接射入和散射光线射入，并且空气新鲜。窗户的面积与舍内面积之比为 1∶12，窗台距离地面 1.1 米，南窗宜多，采光面积要大，通常为 1 米×1.5 米，每隔 2.8 米置 1 扇窗；北侧窗户宜小、宜少，通常为 0.8 米×1 米。南北窗户数量的比例为 2∶1。

7. 供排水

要求供水充足，污水、粪尿易于排出舍外，保持舍内清洁卫生。

8. 食槽和水槽

牛舍食槽一般有地面食槽和有槽帮食槽两种形式。实行机械饲喂的牛舍一般采用地面食槽；人工饲喂而无其他饮水设备的采用有槽帮食槽兼作水槽；放牧饲养一般设补饲食槽。设计地面食槽时，食槽底部一般比牛站立地面高 15~30 厘米，挡料板或墙壁食槽底部高 20~30 厘米，防止牛采食时将蹄子伸到食槽内。食槽宽 60~80 厘米。有槽帮食槽一般为混凝土或砖混结构，上宽 65~80 厘米、底宽 35 厘米，底呈弧形，槽内缘高 35 厘米，靠牛床一侧外缘高 60~80 厘米，有槽帮食槽外抹水泥砂浆须坚固，防止牛长期舔舐对食槽表面造成损害，槽底做成圆弧形，也可用水磨石或瓷砖作为食槽表面。

水槽可使用金属自动饮水器，也可用铁皮打制，还可把料槽隔出一段来做水槽。

9. 粪尿沟

牛床与通道间设有排粪沟，沟宽 35~40 厘米，深 10~15 厘米，沟底呈一定坡度，以便污水流淌。

排尿沟一般为弧形或方形底，明沟宽不宜超过 25 厘米，排尿沟与地下排污管的连接处应设沉淀池，上盖铁篦子。

10. 门

肉牛舍通常在舍两端，即正对中央饲料通道设两个侧门，较长牛舍在纵墙背风向阳侧也设门，以便于人、牛出入，门应做成双推门，不设槛，其大小为（2~2.2）米×（2~2.2）米为宜。

11. 运动场

饲养种牛、犊牛的舍，应设运动场。运动场多设在两舍间的空余地带，四周栅栏围起，将牛拴系或散放其内。其每头牛应占面积为：成牛 15~20 米^2、育成牛 10~15 米^2、犊牛 5~10 米^2。运动场的地面以三合土为宜。在运动场内设置补饲槽和水槽。补饲槽和水槽应设置在运动场一侧，其数量要充足，布局要合理，以免牛争食、争饮、顶撞。

（三）牛舍的设计

1. 犊牛舍

（1）犊牛栏　应设在靠近产房的位置，每栏一犊，隔离管理，一般 1~2 月龄后过渡到犊牛舍内。犊牛栏底需制作为漏缝地板，离地面距离应大于 3 厘米，并铺有干净的垫草。犊牛栏侧面需设有饮水、采食设施以便犊牛喝奶、饮水、采食开食料和干草。

（2）犊牛岛　即犊牛单独的一块由小型牛舍和围栏圈起来的地方。通俗讲犊牛岛是由箱式牛舍和围栏组成，一面开放，三面封闭，是给0~3个月的犊牛建造的单独的饲喂单间。

犊牛出生后，通常情况下都是饲养在通道式的牛舍中或隔离间的牛床上，并与母牛相邻。由于犊牛此时抵抗病原菌感染的能力很弱，很容易感染下痢与呼吸系统疾病，另外，牛乳作为犊牛唯一的食物来源，哺乳后的犊牛依然保持着吮乳的行为，犊牛间相互吸吮乳头、咬尾和舔舐，更有可能吃进污物，在养成不良习惯的同时也容易造成相互感染。

而饲养在犊牛岛中，“一岛一犊”，每头犊牛都配有自己专用的并经过消毒后的料桶、水桶和干净的垫草。且“岛”内通风良好，无污染，使犊牛发病率大幅度降低。研究发现，在犊牛岛中饲喂犊牛可使犊牛大肠杆菌性关节炎病例大幅度减少，同时还可以预防犊牛球虫病、呼吸系统疾病等。

因此合理利用犊牛岛能降低犊牛疾病的发生率，提高犊牛的成活率与生产性能，新生犊牛初生期后即转入犊牛岛，实行“岛”上挂牌，牌上记有出生重、母牛号、犊牛号和出生日期等，便于日常饲养管理，同时在饲养过程中，也便于监控各犊牛的精神、食欲和粪便等状况，因此是很有必要的。

犊牛岛一般分为两种形式，春秋季适合在户外，一般放置在舍外朝阳、干燥的旷场上。便于工人对犊牛和其生活环境的清洁与消毒，改善犊牛的生活环境，降低下痢和胃肠炎的发病概率，提高犊牛的成活率和生产性能。

新疆、内蒙古、甘肃或东北地区冬季气温较低，或者部分小规模牛场不具备室外条件的，适合使用室内犊牛笼，不过夏季别忘记做好防暑降温工作。

犊牛岛通常的长宽高分别是2米、1.5米和1.5米，南面敞开，东西北三面及顶面由侧板、后板和顶板构成，在后板处设有一个15厘米×15厘米的开口，以便夏季通风散热。犊牛岛内应铺上垫草，并保持干燥和清洁，在其南面设有运动场，由直径1~2厘米的金属丝围成的栅栏状，围栏前设有哺乳桶和干草架，以便犊牛在小范围内活动、采食和饮水。

(3) 犊牛舍　犊牛断奶后，按犊牛大小进行分群，采用散放、自由牛床的通栏饲养。犊牛通栏的面积需根据犊牛头数确定，每头犊牛占地面积2.3~2.8米^2，栏高120厘米，通栏面积的一半左右可略高于地面并稍有坡度，铺上垫草作为自由牛床，另一半作为活动场地。通栏是一侧或两侧需设有饲槽，根据实际条件可安装栅栏颈枷，以便在需要时对牛进行固定。每个犊牛栏内应设有自用饮水器以便犊牛自由饮水。

2. 育成牛舍和青年牛舍

此阶段牛舍建筑设计及饲养管理相对简单粗放，但仍需防风、防潮，应满足方便观察牛、实现快捷便利饲喂、垫草添加和清除、粪污清理等工作。牛舍内每头牛占地面积4~6米^2，运动场占地面积10~15米^2。

3. 育肥牛舍

根据育肥目的不同，可分为普通育肥牛舍（有运动场）和高档育肥牛舍（全舍饲）。拴系饲养牛位宽1~1.2米，小群饲养每头牛牛舍占地面积6~8米^2，运动场占地面积15~20米^2。

第三节　肉牛场主要设施与设备

一、拴系设备

拴系设备用来限制牛在床内的活动范围，使牛的前脚不能踏入饲槽，后脚不能踩入粪沟，牛身不能横躺在牛床上，但也不妨碍肉牛的正常站立、躺卧、饮水和采食饲料。

拴系设备的形式有链式、关节颈枷式等类型，常用的是软的横行链式颈枷。两根长链（760毫米）穿在牛床两边支柱的铁棍上，能上下自由活动；两根短链（500毫米）组成颈圈，套在牛的颈部。结构简单，但需用较多的手工操作来完成肉牛的拴系和释放。

关节颈枷拴系设备在欧美使用的较多，有拴系或释放一头牛的，也有同时拴系或释放一批牛的。由两根管子制成长形颈枷，套在牛的颈部。颈枷两端都有球形关节，使牛有一定的活动范围。

二、饲喂与饮水设备

（一）饲喂设备

1. 固定饲喂设备

固定饲喂设备是将青饲料从料塔输送到牛舍或运动场的设备。优点是饲料通道（牛舍内）小，牛舍建筑费用低，节省了饲料转运的工作量。

2. 输送带式饲喂设备

输送带式饲喂设备运送饲料的装置是输送带，带上撒满饲料，通往饲槽上方，再用一个刮板在饲槽上方往复运动将饲料刮下来，落进饲槽内。

3. 穿梭式饲喂车

穿梭式饲喂车饲槽上方有一个轨道，轨道上有一辆饲喂车，饲料进入饲喂车，通过链板及饲料车的移动将饲料卸进饲槽。

4. 螺旋搅龙式饲喂设备

螺旋搅龙式饲喂设备是给在运动场上的肉牛饲喂使用的设备。

5. 机动饲喂车

对于大型规模化肉牛场，青贮量很大，各牛舍（运动场）离饲料库比较远，采用固定饲喂设备投资大，这时可考虑使用机动饲喂车。将青贮库卸出的饲料用饲喂车运送到各牛舍饲槽中，饲喂方便，设备投资小，利用率高。但冬季饲喂车频繁进入牛舍不利于舍内保温，要设双排门、双门帘等保暖设备。

（二）饮水设备

饮水设备多采用阀门式自动饮水器，它由饮水杯、阀门、顶杆和压板等组成。牛饮水时，触动饮水杯内的压板，推动顶杆将阀门开启，水即通过出水孔流入饮水杯内。饮水完毕，牛抬起头后，阀门靠弹力回位，停止流水。

拴养每2头牛合用一个饮水器，散放6~8头牛合用一个饮水器。

也可以用饮水碗、饮水槽。

三、粪污收集与处理设备

机械清粪设备有连杆刮板式、环形刮板式、双翼形推粪板式和运动场上清粪设备等。

1. 连杆刮板式清粪装置

用于单列牛床，链条带动带有刮板的连杆，在粪沟内往复运动，刮板单向刮粪，逐渐把粪刮向一端粪坑内。适用于在单列牛舍的粪沟内清粪。

2. 环形刮板式清粪装置

用于双列牛床，将两排牛床粪沟连成环形，类似操场跑道。有环形刮板在沟内做水平环形运动，在牛舍一端环形粪沟下方设一粪池（坑）及倾斜链板升运器，粪入粪池后，再提运到舍外装车，运出舍外。适用于在双列牛舍的粪沟内清粪。

3. 双翼形推粪板式清粪装置

用于隔栏散放，电机、减速器、钢丝绳、翼形推粪板往复运动，把粪刮入粪沟内，往复运动由行程开关控制。翼形刮板（推粪板）有双翼板，两板可绕销轴转动，推粪时呈“V”形，返回时两翼合拢不推粪。适用于宽粪沟的隔栏散养牛舍的清粪作业。

4. 运动场上清粪设备

同养猪清粪车（铲车）相似，车前方有一刮蒸铲，向一方推成堆状，发酵处理或装车运出场外。

四、青粗饲料收割与收贮设备

（一）青饲料联合收获机

从田间收获青饲料作物的机械，主要有甩刀式青饲料收获机和通用型青饲料收获机两种类型。

1. 甩刀式青饲料收获机

主要用来收获青绿牧草、燕麦、甜菜茎叶等低矮青饲作物。其主要工作部件是一个装有多把甩刀的旋转切碎器。作业时，切碎器高速旋转，青饲作物被甩刀砍断、切碎，然后被抛送到挂车中。根据切碎的方式又分为单切式和双切式两种。单切式青饲收获机对饲料只进行一次切碎，甩刀为正面切割型，对所切碎的饲料抛送作用强，但切碎质量较差，长短不齐。一般工作幅宽为 1.25 米左右，切碎长度 50 毫米左右，配套动力 22～36 千瓦，生产率每小时 0.5 公顷左右，损失率小于 3%。双切式青饲收获机在甩刀式切碎装置后面设置一平行螺旋输送器，螺旋输送器前端设有滚刀式或盘刀式切碎抛送装置。作业时，甩刀将饲料切碎，并抛入螺旋输送器，由螺旋输送器送入切碎抛送装置进行第二次切碎，最后抛入挂车。其切碎质量较好，但结构复杂。工作幅宽约 1.5 米，配套动力为 30 千瓦左右。

2. 通用型青饲料收获机

通用型青饲料收获机又称多种割台青饲收获机，可用于收获各种青饲作物。有牵引式、悬挂式和自走式 3 种。一般由喂入装置和切碎抛送装置组成机身，机身前面可以挂接不同的附件，用于收获不同品种的青饲作物，常用的附件有全幅切割收割台、对行收割台和捡拾装置 3 种。全幅切割收割台采用往复式切割器进行全幅切割，适于收获麦类及苜蓿类青饲作物。割幅为 1.5～2 米，大型的可达 3.3～4.2 米；对行割台采用回转式切割器进行对行收获，适于收获青饲玉米等高秆作物。捡拾装置由弹齿式捡拾器和螺旋输送器组成，用于将割倒铺放在地面的低水分青饲作物拾起，并送入切碎器切成碎段。

装载青饲料的挂车可直接挂接在青饲料收获机后面，也可由另一台拖拉机牵引，随行于青饲料收获机后面。

（二）玉米收获机

玉米收获机是在玉米成熟时用机械对玉米一次完成摘穗、剥皮、果穗收集、茎叶切碎、装车青贮等多项作业的农机具。市场上有多种类型供选择。购买时，既要满足青贮玉米和青饲料在最佳收割期时收获，又要考虑充分利用现有的拖拉机动力，更要考虑投资效益和回报率等问题。

（三）青饲料铡草机械

铡草机也称切碎机，主要用于切碎粗饲料，如谷草、稻草、麦秸、玉米秸等。按机型大小可分为小型、中型和大型。小型铡草机适用于广大农户和小规模饲养户，用于铡碎干草、秸秆或青饲料。中型铡草机也可以切碎干秸秆和青饲料，故又称秸秆青贮饲料切碎机。大型铡草机常用于规模较大的饲养场（牛、羊），主要用于切碎青贮饲料，故又称青贮饲料切碎机。不论秸秆、青贮料或青饲料的加工利用，切碎是一道工序，也是提高粗饲料利用率的基本方法。

铡草机按切割部分型式可分为滚筒式和圆盘式两种。大中型铡草机为了便于抛送青贮饲料，一般多为圆盘式，而小型铡草机以滚筒式为多。大中型铡草机为了便于移动和作业，常装有行走轮，而小型铡草机多为固定式。

（四）秸秆揉丝机

秸秆揉丝机是通过输送机将待加工物料输送至揉碎室，经高速旋转锤片与揉搓板相互作用，将物料揉碎，经抛送风叶将揉碎的物料抛送室外。喂料斗设有多孔喷淋装置，可调整物料的含水率、揉碎程度。

揉丝能使玉米秸、豆秸、麦秸等农作物及杂草变成较柔软的丝状饲料，也可配合颗粒饲料机和压块机压制成颗粒块状便于储存运输。

（五）秸秆揉搓机

秸秆揉搓机将收集来的原料进行揉搓。通过调节锤片的数量调整秸秆的揉搓效果及碎料的多少。减少锤片，出料秸秆加长，碎料减少；增加锤片，出料秸秆变短，碎料增加。它通过传送带自动进料将秸秆压扁、纵切、挤丝、揉碎，破坏了秸秆表面硬质茎节，把牲畜不能直接采食的秸秆加工成丝状适口性好的饲草，而又不损失其营养成分，便于牲畜的消化吸收。

揉搓机揉搓是介于铡切与粉碎两种加工方法之间的一种新方法。各类秸秆揉搓机揉搓方式基本相同，基本上是以高速旋转的锤片，结合机体内（工作室）表面的齿板形成的表面阻力对秸秆实施捶打，即所谓揉搓。其结构实质上就是粉碎机结构。经过揉搓后的成品秸秆多呈块状或碎散状，牲畜喜食。

（六）粉碎机

粉碎机类型有锤片式、齿爪式和对辊式三种。

1. 锤片式粉碎机

锤片式粉碎机是目前使用最多的机型。饲料加工的核心设备是饲料粉碎机，常用粉碎机的类型主要有锤片式粉碎机。其工作原理是一种利用高速旋转的锤片来击碎饲料的机械。它具有结构简单、通用性强、生产率高和使用安全等特点，常用于粉碎谷物类精饲料，以及含粗纤维、水分较多青草类、秸秆类饲料，粉碎粒度好。另外有些锤片式粉碎机上采用了吸风出料系统，有的带有吸风出料风机，这提高了分离效率。

2. 齿爪式粉碎机

以粉碎糠麸谷麦类饲料为主的，可选择爪式饲料粉碎机。该机结构紧凑，体积小，重量轻，主要由上机体、机盖、进料斗、转子、粉碎室、筛粉机构、机座、电机等部分组成，当物料均匀适量地由进料口进入粉碎室后，在旋片连续不断高速打击和粉碎室搓撞的作用下，迅速破碎成细粉或者浆糊，继而受转子产生的离心力和气流的作用，通过筛孔经出料口排出机外。

3. 对辊式粉碎机

对辊式粉碎机是一种利用一对作相对旋转的圆柱体磨辊来锯切、研磨调料的机械，具有生产率高、功率低、调节方便等优点，多用于小麦制粉业。在饲料加工行业，一般用于二次粉碎作业的第一道工序，以及油料作物的饼粕、豆饼、花生饼等。随着生产建设的发展以及科技水平不断提高，辊式破碎机在结构和破碎处理方面均有新的改进和发展，如分级式破碎机、辊压机等，使得辊式破碎机应用范围不断地扩大和得到快速的发展。给建材、煤炭、化工以及选矿等行业，创造了节能降耗的条件，并给企业带来较高的效益。

（七）小型饲料加工机组

小型饲料加工机组主要由粉碎机、混合机和输送装置等组成。其特点是：生产工艺流程简单，多采用主料先配合后粉碎再与辅料混合的工艺流程；多数用人工分批称量，只有少数机组采用容积式计量和电子秤计量配料，添加剂由人工分批直接加入混合机；绝大多数机组只能粉碎谷物类原料，只有少数机组可以加工秸秆和饼类；机组占地面积小，对厂房要求不高，设备一般安置在平房建筑物内。

（八）全自动混合日粮（TMR）搅拌喂料车

全自动混合日粮（TMR）搅拌喂料车主要由自动抓取、自动称量、粉碎、搅拌、卸料和输送装置等组成。有多种规格，适用于不同规模的肉牛场、肉牛小区及TMR饲料加工厂等。

固定式喂料车与移动式喂料车的选择主要应从牛舍建筑结构、人工成本、耗能成本等考虑。一般尾对尾老式牛舍，过道比较窄，搅拌车不能直接进入，最好选择固定式；而一些大型肉牛场，牛舍结构合理，从自动化发展需求和人员管理的角度考虑，最好选择移动式。中小型肉牛场固定式与移动式的选择，应从运作的成本考虑，主要涉及油耗、电耗、人工和管理等多方面。

饲料搅拌喂料车可以自动抓取青贮、草捆和精料啤酒糟等，可以大大减少人工成本，简化饲料配制及饲喂过程，提高肉牛饲料转化率和产肉性能。

（九）牧草收获机

牧草收获机是将草场上的鲜牧草切割下来并制成饲喂用干草的畜牧业机械，又称干草收获机械。机械化收获牧草具有效率高、成本低、能适时收获、多收等优点。

1. 散草收获法

主要机具配置有割草机、搂草机、切割压扁机、集草器、运草车、垛草机等。不同机具系统由不同的单机组成。工艺流程是割草机割草—搂草机搂草—切割压扁机捆成草卷—集草器集成堆—运草车运输—垛草机码成垛贮存。要正确对各单机进行选型，使各道工序之间的配合和衔接经济合理，保证整个收获工艺经济效果最佳。

2. 压缩收获工艺

压缩收获工艺比散草收获工艺的生产效率高，省略了集草堆垛工序，提高生产率7~8倍，草捆密度高、质量好，便于保存和提高运输效率。各单机技术水平和性能比较先进，适合于我国牧区地势较平坦、产草量较高的草场。但一次性投资大，技术要求高，目前只在经济条件较好的牧场及贮草站使用。

五、通风与降温设备

规模化养殖肉牛牛舍的通风设备有电动风机和电风扇。轴流式风机是牛舍常见的通风换气设备，这种风机既可排风，又可送风，而且风量大，大小可控；电风扇也是常用于牛舍通风，一般为吊扇。

喷淋降温系统是目前最实用而且最有效的降温方法。它是将细水滴（非水雾）喷到牛背上湿润其皮肤，利用风扇及牛体的热量使水分蒸发以达到降温的目的，这主要是用来降低牛身体的温度，而不是牛舍的温度。

喷淋降温系统一般安装在牛舍的采食区、休息区，它主要包括水路管网、水泵、电磁阀、喷嘴、风扇以及含继电器在内的控制设备。吹风扇一般为侧吹方向安装，与水平方向成一定夹角，使风侧向吹向牛体；喷嘴喷出的细水滴要能铺盖牛栏3/4的宽度，以淋湿牛的身体，使其蒸发散热。

六、消毒设备

喷雾消毒推车：用于牛舍内消毒，便于移动，使用维护简便，适合牛舍。

消毒液发生器：用于生产次氯酸钠消毒液，具有成本低廉、便于操作的特点，可以现制现用，解决了消毒液运输、贮存的困难，仅用普通食盐和水即可随时生产消毒液，特别适合大型肉牛规模饲养场使用。

七、诊疗设备

兽医室要配备一些兽医常规诊疗设备，如消毒器械、手术器械、助产器械、诊断器械、灌药器、肌内和静脉注射器械、修蹄工具等。

（一）去势器械

1. 无血去势钳

一种兽医手术器械，用于雄性家畜的去势手术。该器械通过隔着家畜的阴囊用力夹断精索的方法达到去势目的，不需要在家畜阴囊上切口，因此也叫“无血去势”。无血去势钳适用于公牛去势，通常在1个月大之后进行这种手术。

2. 弹力去势器

一种较先进的公牛去势手术器械，金属制成，像一把钳子，由把手、杠杆机构和钳口构成，通过将弹性极强的塑胶环放置在公牛的阴囊根部，压缩血管，阻碍睾丸血流，来达到使睾丸逐渐萎缩的作用，实现手术目的。这种器械无须切开阴囊，不会流血，副作用小。

（二）助产器

助产器是牛场常用的诊疗设备之一。现在牛用的助产器普遍都是摇臂滑轮式助产器，这种助产器能够扩大一个人的力量，就算是一个人也可以完成接生工作。助产器的使用原理很简单，它有一个固定架用来固定牛的屁股，然后把绳子套到小牛犊的腿，绳子另一端系到助产器的机械手柄上，转动手柄，就能把牛犊慢慢拉出来了。使用之前用高锰酸钾溶液对器械进行消毒，同时在表面涂抹润滑油。

还有一种牛助产器，由形状、大小和螺纹均相同的前螺纹杆和后螺纹杆对接连为一体的螺纹杆，前螺纹杆的端部与槽形支架连接，槽形支架的两端分别设有两个小孔，捆绑锁链连接在两个小孔之间，活动助力器安装在螺纹杆上。这种实用新型的助产器结构简单，耐磨，操作使用方便，安全可靠，适用于养牛场、养牛小区或兽医站，可最大限度降低因母牛难产而引起的不必要损失；同时可以减少对母牛产道的损伤，用力均匀减轻了母牛的疼痛，另外也保障了小牛的健康；需要两个人操作，防止了夜晚、雨雪天及人员少的情况下母牛难产情况的发生。奶牛助产器操作杆采用双杆设计，双杆可拼接，拆卸，存放十分方便。特殊的螺纹操作杆在使用中移动精确，而且不会打滑。

（三）保定架

保定架是牛场不可缺少的设备，给牛打针、灌药、编耳号及治疗时都会用到。通常用原木或钢管制成，架的主体高160厘米，前颈枷支柱高200厘米，立柱部分埋入地下40厘米以上，架长150厘米，宽65~70厘米。

八、其他设备

除了上述设备外，牛场还要配备必要的耳标、无血去势器、体尺测量器械、鼻环、防疫诊疗设备、场内外运输设备及公用工程设备等。

(一) 牛体刷

全自动牛体刷包括：吊挂固定基础部件，通过固定连接件悬挂在吊挂固定基础部件上的电机和刷体。当牛将刷体顶起倾斜时，电机自动启动，带动刷体旋转；当肉牛离开时，电机带动刷体继续旋转一段时间后停止。全自动牛体刷可实现刷体自动旋转、停止及手动控制。

牛体刷能够使肉牛很容易地达到自我清洁的目的，减少肉牛身体上的污垢和寄生虫。同时，牛体刷还可以促进肉牛血液循环，保持肉牛皮毛干净，提高采食量，使肉牛的头部、背部和尾部得到舒适的清理，不再到处摩擦搔痒，从而节约费用，预防事故发生。牛体刷也是生产高档牛肉必备的设备之一。

(二) 牛鼻环

为便于抓牛、牵牛和拴牛，尤其是对未去势的公牛，常给牛戴上鼻环。

鼻环有两种类型，一种是不锈钢材料制成，质量好又耐用；另一种是铁或铜材料制成，质地稍粗糙，材料直径 4 毫米左右。注意不宜使用不结实、易生锈的材料，否则易拉伤牛鼻引起感染。

第四节 肉牛舍环境控制

肉牛在舍饲养殖模式之下，由于改变了牛群放牧采食的习惯，再加上养殖密度较大，养殖环境比较密闭，如果没有做好环境的针对性调控工作，很容易引发环境恶化，给各种病原的繁殖生长提供条件，极容易造成各类传染性疾病的传播流行，威胁到肉牛的健康养殖。所以在舍饲养殖模式之下，就需要加强肉牛养殖环境的针对性调控，注重做好牛群的针对性管理，避免因为养殖管理不当造成牛身体素质下降，抗病能力减弱，对牛群的生命造成严重的威胁。本节主要结合实际工作经验，探讨了舍饲肉牛养殖环境的管理方法，希望对提高肉牛生产性能有一定帮助。

一、加强环境绿化

不管是哪种形式的养殖产业和养殖场，在规划设计过程中都需要加强对生态环境的有效保护，要确保养殖场的场址选择在人员稀少的地带，不受外界干扰，同时要确保周边有充足的水电供给。用最科学的管理手段和回收方式，加强高素质养殖管理工作队伍的建设，保证养殖场内配置完善的粪污处置设施，做好养殖场废弃物和有毒有害气体的科学收集和科学排放，处理好养殖场粪便尿液，将生化需氧量以及氨氮处理到达标，各项资源能利用的应该及时利用，促进农作物的健康生长，真正实现畜牧养殖和农业生产的有机结合，达到绿色养殖，提高肉牛养殖质量的目标。当前很多肉牛养殖场在规划圈舍过程中存在不科学的现象，所以就需要在原有的基础上对养殖场做出适当的改造，加强对养殖场的有效绿化，这对改善养殖环境有很大帮助。通过对养殖场进行严格的绿化处理，能够形成一个天然的保护隔挡，起到控制疫病传入的作用，同时高大的树木也能够有效地吸附周边的各种有毒有害物质，调节养殖场内部的气候环境，降低周边的粉尘含量，达到净化空气、抑制病原微生物繁殖的作用。另外进入盛夏季节之后，高大的树木还能够为动物生长营造一个良好的遮阴环境，降低阳光的辐射，控制圈舍的温度，吸收周边的噪声，避免噪声刺激，影响到牛群的正常生长。

二、控制噪声污染

养殖环境当中如果存在较多的噪声刺激，势必会对牛群的正常生长和正常休息产生一定影响，同时还会引起牛群采食量下降，无法发挥牛群的增重效果，更不能够体现肉牛的生产潜力，有时还会引发一系列的应激反应，给各类传染性疾病的发生流行提供条件。如果肉牛长期处于嘈杂的环境当中，由于采食量逐渐下降，肉牛的增重逐渐放缓，繁殖机能逐渐下降，所以就需要注重加强养殖场周边的噪声污染调控，避免周边的汽车噪声以及器械运转所产生的声音对牛生产造成不良影响。养殖场规划建造过程中，一定要远离居民区，远离工厂，养殖场的生活区域、生产区域、饲料加工区域应该做到科学划分，尽可能减少在管理过程中各种噪声的产生，为牛群提供一个安静整洁的生长环境。

三、把控空气质量

舍饲养殖密度相对较大，如果没有做好养殖场空气质量的调控工作，短时间内空气就会恶化，影响到肉牛的生产性能和健康生长发育。高密度养殖模式之下，圈舍当中空气的有毒有害成分主要包括尘埃、一氧化碳、二氧化碳、硫化氢、氨气和各种病原微生物，如果空气质量逐渐下降，会对牛群的呼吸系统造成一定的损伤。牛群在日常生长发育阶段，环境打扫会造成尘土飞扬，如果粉尘含量过高会刺激牛群的呼吸系统，给病原传播提供了途径。而造成粉尘升高的一个主要原因是湿度没有调控好。另外牛舍在规划建造过程中建设不到位，通风不良，或者因为饲养管理不科学，养殖密度相对较大，粪便没有得到及时清理，养殖场的粪便、尿液、所剩的饲料腐败之后会产生大量的有毒有害气体，有毒有害气体一旦升高或者不符合饲养标准，就会造成牛的上呼吸系统黏膜被损伤，影响到机体的正常生长，造成增重放缓，体重下降，甚至会引发一系列消化道疾病和呼吸道疾病。所以在舍饲肉牛养殖期间，应该加强对养殖场环境的有效调控，从养殖场规划角度入手，要配置完善的通风设施，确保能够及时将养殖场的高湿气体、有毒有害气体快速排出。通过在圈舍当中安装湿度计，及时测量圈舍的湿度情况，如干燥应及时喷水，调控好养殖场的湿度，确保湿度维持在一个正常的标准。

四、调控温度湿度

牛舍温度和相对湿度对肉牛的生产性能发挥以及健康生长有着很大的影响，适宜的温度和湿度条件之下，肉牛能够正常生存、正常生活，生产效益高。进入夏秋季节之后，外界温度逐渐升高，再加上养殖密度较大，牛舍温度会显著升高，如果温度超过了肉牛的身体承受能力，就会引发严重的热应激反应，导致肉牛食欲下降，采食量下降，不能够摄入充足的营养物质，从而影响到机体的正常生长发育和增重速度，同时还会造成肉牛内分泌紊乱、抗病能力下降、抵抗能力不足，很容易诱发一系列的传染性疾病。冬、春季外界温度相对较低，如果圈舍防寒保暖性能相对较差，将很容易造成牛群出现冷应激刺激，给感冒、腹泻等呼吸道疾病、消化道疾病的发生提供条件。相对湿度对肉牛的影响虽然不大，但是如果和温度相互作用，则很容易造成病原微生物的大量滋生，使肉牛的患病率显著升高。因此在肉牛养殖管理期间，一定要控制好圈舍的温度和相对湿度，夏秋季节一定要做好防暑降温工作，及时将圈舍当中的高温高湿气体去除，确保有清洁凉爽的空气进入到圈舍当中。冬春季节一定要做好圈舍的防寒保暖，避免贼风侵袭，配置完善的保暖措施。一般情况下，牛舍相对湿度控制在55%~70%。

（一）肉牛舍的防寒保暖

冬季气候寒冷，应通过对牛舍的外围结构合理设计，解决防寒保暖问题。牛舍失热最多的是屋顶、天棚、墙壁、地面。

1. 屋顶和天棚

面积大，热空气上升，热能易通过天棚、屋顶散失。因此，要求屋顶、天棚结构严密，不透气，天棚铺设保温层、锯木灰等，也可采用隔热性能好的合成材料，如聚氨酯板、玻璃棉等。天气寒冷地区可降低牛舍净高，采用的高度通常为2~2.4米。

2. 墙壁

墙壁是牛舍主要外围结构，要求墙体隔热、防潮，寒冷地区选择导热系数较小的材料，如选用空心砖（外抹灰）、铝箔波形纸板等做墙体。牛舍长轴呈东西方向配置，北墙不设门，墙上设双层窗，冬季加塑料薄膜、草帘等。

3. 地面

地面是牛活动直接接触的场所，地面冷热情况直接影响牛体。石板、水泥地面坚固耐用，防水，但冷、硬。寒冷地区做牛床时应铺垫草、厩草、木板。

规模化养牛场可采用三层地面，首先将地面自然土层夯实，上面铺混凝土，最上层再铺空心砖，既防潮又保温。

4. 加强管理

寒冷季节适当加大牛的饲养密度，依靠牛体散发热量相互取暖。勤换垫草，及时清除牛舍内的粪便。冬季来临时修缮牛舍，防止贼风。

（二）肉牛舍的降温

1. 搭凉棚

对于育肥牛原则是尽量减少其活动时间促使其增重，因此在运动场上搭凉棚遮阴显得尤为重要。搭凉棚一般可减少30%~50%的太阳辐射热。目前市场上出售的一种不同透光度的遮阳膜，作为运动场凉棚的棚顶材料，较经济实惠，可根据情况选用。

2. 设计隔热的屋顶，加强通风

为了减少屋顶向舍内传热，在夏季炎热而冬季不冷的地区，可以采用通风屋顶，其隔热效果很好。牛舍场址应选在开阔、通风良好的地方，位于夏季主风口，各牛舍间应有足够距离以利通风。

3. 遮阳

牛舍的“遮阳”，可采用水平或垂直的遮阳板，或采用简易活动的遮阳设施：如遮阳棚、竹帘或苇帘等。同时，也可栽种植物进行绿化遮阳。

4. 增强牛舍围护结构对太阳辐射热的反射能力

牛舍围护结构外表面的颜色深浅和光滑程度对太阳辐射热吸收能力各有不同，色浅而光滑的表面对辐射热反射多而吸收少，反之则相反。牛舍的围护结构采用浅色光平的表面是经济有效的防暑方法之一。

5. 蒸发降温

在高温环境中肉牛主要依靠蒸发散热，当环境温度高于体表温度时，机体只能靠蒸发散热来维持体热平衡，因此，直接对肉牛体进行喷淋，可有效缓解肉牛的热应激；同时，地面洒水、屋顶喷淋、舍内喷雾等均可起到环境降温的目的。

肉牛体蒸发降温是用滴水器、喷淋器和气雾器将肉牛体弄湿，由于水温低于肉牛体温，通过传导对流可加速体热排出，肉牛体表水的蒸发吸热也可促进体热的排出。喷淋器和滴水器的运行应间断而频繁，皮肤上的水要经 1 小时才会蒸发干净。所以，持续运转只会增加耗水量和耗电量，而并不增强降温效果，一般每隔 45 分钟连续喷淋 1 次。生产中还要注意水嘴的安装位置，避免把地面弄湿了而肉牛体没有被弄湿。对于群养肉牛采用喷淋装置，成本较低廉，控制也简便。

五、牛舍防潮排水

牛每天排出大量粪、尿，冲洗牛舍时会产生大量的污水，因此应合理设置牛舍排水系统，及时清理污物、污水，有助于防止舍内潮湿，保持空气新鲜。地面、墙体防潮性能好，可有效防止地下水和牛舍四周水的渗透。

1. 排尿沟

为了及时将尿和污水排出牛舍，应在牛床后设置排尿沟。排尿沟向出口方向呈 1%~1.5%的坡度，保证尿和污水顺利排走。

2. 漏缝地板清粪尿系统

规模化养牛场的排污系统采用漏缝地板，地板下设粪尿沟。漏缝地板采用混凝土较好，耐用，清洗和消毒方便。

牛排出的粪尿落入粪尿沟，残留在地板上的牛粪用水冲洗，可提高劳动效率，降低工人劳动强度。定期清除粪尿，可采用机械刮板或水冲洗。

六、舍内均匀通风

夏季当舍内气温高于舍外时，通风可以将舍内的热量带出舍外，还可以加大舍内气流的速度，当经过肉牛体时，带走散发的热量，同时可促进肉牛体的蒸发散热。机械通风是北方主要采取的降温措施之一。

在建设规划中，要考虑好肉牛舍朝向，搞好场内建筑物布局和结构，通风口位置。为加大舍内气流速度、保证气流均匀并能通过肉牛体周围，应合理安排通风口位置。进风口应设在正压区内，排气口设在负压区内，以保证肉牛舍有穿堂风，进风口应均匀布置，以保证舍内通风均匀，使肉牛舍各处的肉牛都能感受到凉爽的气流。为使气流经肉牛体周围通过，可设地脚窗通风。

七、肉牛粪便处理

肉牛场每天产生大量的牛粪尿，如不及时处理，产生的异味对牛场的环境造成不利影响。因此，对牛粪尿的处理已成为现代肉牛生产不可缺少的工艺之一，以下方法可供参考。

1. 生粪尿

田间直接施用生粪尿有两种方法：一是用撒肥车将粪尿喷洒于田间，数日后用犁耙使之与土壤混合；二是挖宽40~50厘米、深20~35厘米的沟，将粪尿流放到沟内，盖土，数日后用犁耙起。

2. 干粪的处理

可以利用温室，或选择靠近牛舍、向阳、通风良好的地方做干粪处理的场所。地面以土床为宜，如用混凝土床则便于翻晒与清扫。

把牛舍中的粪便放在温室内摊开，厚度为5厘米左右，过厚会推迟干燥。晴天打开温室两侧的风挡加强通风，风雨日或夜间要关好风挡。

干粪的水分以60%~65%为宜（同厩肥发酵的含水量），夏季5天，雨季12天。为了加快干燥，可以搅拌。

3. 堆厩肥

堆厩肥最好的处理方法是框积法，即用厚12厘米的木板，制成长宽各为1.5米，高30厘米的框模，在其中放入厩肥踏实。厩肥在堆积时的水分60%~65%为最好。由于细菌的作用，在第7~10天时温度可达70~80℃。此后可自然地进入完熟状态。

厩肥的堆积高度超过1.5米时，发酵不匀，堆积15~20天上下层应混合一次再重新堆积。这项作业一般称为“倒粪”，到 40～50 天时应再倒一次，然后一直置于完熟。

4. 牛粪的生物处理

牛粪养蚯蚓生产生物腐殖质，借助于动物性有机肥料施用少量的化肥可恢复土壤的最初肥力。也可用牛粪生产沼气发电。

第二章　肉牛的品种与繁殖

第一节　肉牛品种选择

一、我国自主培育的肉牛品种

（一）夏南牛

夏南牛是以法国夏洛莱牛为父本，以南阳牛为母本，采用杂交创新、横交固定和自群繁育3个阶段、开放式育种方法培育而成的我国第一个具有自主知识产权的肉用牛品种。

1. 体型外貌

夏南牛体质健壮，抗逆性强，性情温顺，行动较慢；耐粗饲，食量大，采食速度快，耐寒冷，耐热性能稍差。毛色纯正，以浅黄、米黄色居多。公牛头方正，额平直，成年公牛额部有卷毛，母牛头清秀，额平稍长；公牛角呈锥状，水平向两侧延伸，母牛角细圆，致密光滑，多向前倾；耳中等大小；鼻镜为肉色。颈粗壮，平直。成年牛结构匀称，体躯呈长方形，胸深而宽，肋圆，背腰平直，肌肉比较丰满，尻部长、宽、平、直。四肢粗壮，蹄质坚实，蹄壳多为肉色。尾细长。母牛乳房发育较好。

2. 生产性能

农村饲养管理条件下，公、母牛平均初生重38千克和37千克；18月龄公牛体重达400千克以上，成年公牛体重可达850千克以上；24月龄母牛体重达390千克，成年母牛体重可达600千克以上。

平均体重为211.05（±20.8）千克的夏南牛架子牛，经过180天的饲养试验，体重达433.98（±46.2）千克，平均日增重1.11千克。平均体重392.60（±70.71）千克的夏南牛公牛，经过90天的集中强度育肥，体重达到559.53（±81.50）千克，日增重达1.85（±0.28）千克。

未经育肥的18月龄夏南公牛屠宰率60.13%，净肉率48.84%，眼肌面积117.7厘米^2，熟肉率58.66%，肌肉剪切力值2.61，肉骨比4.81∶1，优质肉切块率38.37%，高档牛肉率14.35%。

夏南牛初情期平均432天，最早290天；发情周期平均20天；初配时间平均490天；怀孕期平均285天；产后发情时间平均为60天；难产率1.05%。

（二）延黄牛

延黄牛是以利木赞牛为父本、延边牛为母本，经杂交改良、横交固定和群体继代选育培育而成的我国第二个肉牛新品种。延黄牛现主要分布在吉林省延边朝鲜族自治州珲春市、龙井市、和龙市、图们市、安图县、汪清县和延吉市等沿图们江的边境县市。

1. 体型外貌

延黄牛具有体质健壮、性情温驯、耐粗饲、适应性强、生长速度快、肉质细嫩等特点。延黄牛体质结实，骨骼坚实，体躯较长，颈肩结合良好，背腰平直，胸部宽深，后躯宽长而平，四肢端正，骨骼圆润，肌肉丰满，整体结构匀称，全身被毛为黄色（或浅红色），长而密，皮厚而有弹力。公牛头短，额宽而平，角粗壮，多向后方伸展，呈一字形或倒八字形，公牛睾丸发育良好；母牛头清秀适中，角细而长，多为龙门角，母牛乳房发育较好。

2. 生产性能

延黄牛产肉性能好，肉品质也好。初生公牛体重30.9千克，母牛28.9千克。在放牧饲养条件下短期育肥的18月龄公牛，宰前活重432.6千克，胴体重255.7千克，屠宰率为59.1%，净肉率为48.3%；日增重0.8~1.2千克。成年平均体重，公牛为1 056.6千克，母牛为625.5千克；平均体高，公牛为156.2厘米，母牛为136.3厘米。

延黄牛母牛初情期8~9月龄，性成熟期母牛13月龄，公牛14月龄。母牛发情周期20~21天，发情持续期12~36小时，全年发情，发情旺期为7—8月。一般20~24月龄开始配种。平均妊娠期285天，产犊间隔期360~365天。

（三）辽育白牛

辽育白牛是以夏洛莱牛为父本，以辽宁本地黄牛为母本级进杂交后，在第4代的杂交群中选择优秀个体进行横交和有计划选育，采用开放式育种体系，坚持档案组群形成的稳定群体，该群体抗逆性强，适应当地饲养条件，是经国家畜禽遗传资源委员会审定通过的肉牛新品种。

1. 体型外貌

辽育白牛全身被毛呈白色或草白色，鼻镜肉色，蹄角多为蜡色；体型大，体质结实，肌肉丰满，体躯呈长方形；头宽且稍短，额阔唇宽，耳中等偏大，大多有角，少数无角；颈粗短，母牛平直，公牛颈部隆起，无肩峰，母牛颈部和胸部多有垂皮，公牛垂皮发达；胸深宽，肋圆，背腰宽厚、平直，尻部宽长，臀端宽齐，后腿部肌肉丰满；四肢粗壮，长短适中，蹄质结实；尾中等长度；母牛乳房发育良好。

2. 生产性能

辽育白牛成年公牛体重910.5千克，肉用指数6.3；母牛体重451.2千克，肉用指数3.6；初生重公牛41.6千克，母牛38.3千克；6月龄体重公牛221.4千克，母牛190.5千克；12月龄体重公牛366.8千克，母牛280.6千克；24月龄体重公牛624.5千克，母牛386.3千克。辽育白牛6月龄断奶后持续育肥至18月龄，宰前重、屠宰率和净肉率分别为561.8千克、58.6%和49.5%；持续育肥至22月龄，宰前重、屠宰率和净肉率分别为664.8千克、59.6%和50.9%。11~12月龄体重350千克以上发育正常的辽育白牛，短期育肥6个月，体重达到556千克。

辽育白牛母牛初情期10~12月龄，初配年龄为14~18月龄、产后发情时间为45~60天；公牛适宜初采年龄为16~18月龄；人工授精情期受胎率为70%，适繁母牛的繁殖成活率达84.1%以上。

（四）云岭牛

云岭牛是中华人民共和国成立以来，我国科学家培育的具有完全自主知识产权的第四个肉牛新品种，也是我国第一个采用三元杂交方式培育成的肉用牛品种，第一个适应我国南方热带、亚热带地区的肉牛新品种。云岭牛具有适应性广、抗病力强、耐粗饲、繁殖性能优良且能生产出优质高档雪花肉等显著特点。

1. 体型外貌

云岭牛以黄色、黑色为主，被毛短而细密；体型中等，各部结合良好，细致紧凑，肌肉丰厚；头稍小，眼明有神；多数无角，耳稍大，横向舒张；颈中等长；公牛肩峰明显，颈垂、胸垂和腹垂较发达，体躯宽深，背腰平直，后躯和臀部发育丰满；母牛肩峰稍有隆起，胸垂明显，四肢较长，蹄质结实；尾细长。

2. 生产性能

成年公牛体高（148.92±4.25）厘米、体斜长（162.15±7.67）厘米、体重（813.08±112.30）千克，成年母牛体高（129.57±4.8）厘米、体斜长（149.07±6.51）厘米、体重（517.40±60.81）千克。

在一般饲养管理条件下，云岭牛公牛初生重（30.24±2.78）千克，断奶重（182.48±54.81）千克，12月龄体重（284.41±33.71）千克，18月龄体重（416.81±43.84）千克，24月龄体重（515.86±76.27）千克，成年体重（813.08±112.30）千克；在放牧+补饲的饲养管理条件下，12~24月龄日增重可达（1 060±190）克。母牛初生重（28.17±2.98）千克，断奶重（176.79±42.59）千克，12月龄体重（280.97±45.22）千克，18月龄体重（388.52±35.36）千克，24月龄体重（415.79±31.34）千克，成年体重（517.40±60.81）千克；相比于较大型肉牛品种，云岭牛的饲料报酬较高。

母牛初情期8~10月龄，适配年龄12月龄或体重在250 kg以上；发情周期为21天（17~23天），发情持续时间为12~27小时，妊娠期为278~289天；产后发情时间为60~90天；难产率低于1%（为0.86%）。公牛18月龄或体重在300千克以上可配种或采精。

（五）华西牛

华西牛由中国农业科学院畜牧研究所主导、联合多家研究机构、企业，历时43年育成，并于2021年12月1日通过国家畜禽遗传资源委员会审定。该品种是以肉用西门塔尔牛为父本，乌拉盖地区（西门塔尔牛×三河牛）与（西门塔尔牛×夏洛莱×蒙古牛）组合的杂交后代为母本，经持续选育而成的专门化肉牛新品种，具有生长速度快，屠宰率、净肉率高，繁殖性能好，抗逆性强等特点。

1. 体型外貌

华西牛躯体被毛多为棕红色或黄色，有少量白色花片，头部白色或带红黄眼圈，四肢蹄、尾梢、腹部均为白色，多有角。公牛颈部隆起，颈胸垂皮明显，背腰平直，肋部圆、深广，背宽肉厚，肌肉发达，后臀肌肉发达丰满，体躯呈圆筒状。母牛体型结构匀称，乳房发育良好，性情温顺，母性好。

2. 生产性能

华西牛成年公牛体重（936.39±114.36）千克，成年母牛体重（574.98±

37.19）千克。20~24月龄宰前活重平均为（690.80±64.94）千克，胴体重为（430.84±40.42）千克，屠宰率（62.39±1.67）%，净肉率（53.95±1.46）%。12~18月龄育肥牛平均日增重为（1.36±0.08）千克/天，最高可达1.86千克/天，12~13肋间眼肌面积为（92.62±8.10）厘米^2。

二、我国培育的兼用牛品种

（一）草原红牛

草原红牛是我国培育的第一个兼用牛品种，具有适应性强、耐粗饲的特点。该品种是多省区协作，以引进的兼用短角公牛为父本，我国草原地区饲养的蒙古母牛为母本，历经杂交改良、横交固定和自群繁育3个阶段，在放牧饲养条件下育成的兼用型新品种。1985年通过农牧渔业部验收，命名为中国草原红牛。草原红牛夏季可完全依靠放牧饲养，冬季不补饲，仅靠采食枯草仍可维持生存。对严寒、酷热气候的耐受力均较强，发病率较低。

1. 外貌特征

草原红牛被毛为紫红色或红色，部分牛的腹下或乳房有小片白斑。体格中等，头较轻，大多数有角，角多伸向前外方，呈倒八字形，略向内弯曲。颈肩结合良好，胸宽深，背腰平直，四肢端正，蹄质结实。乳房发育较好。成年公牛体重700~800千克，母牛为450~500千克。犊牛初生重30~32千克。

2. 生产性能

据测定，18月龄的阉牛，经放牧肥育，屠宰率为50.8%，净肉率为41%。经短期肥育的牛，屠宰率可达58.2%，净肉率达49.5%。在放牧加补饲的条件下，平均产奶量为1 800~2 000千克，乳脂率4%。草原红牛繁殖性能良好，性成熟年龄为14~16月龄，初情期多在18月龄。在放牧条件下，繁殖成活率为68.5%~84.7%。

（二）三河牛

三河牛是中国内蒙古呼伦贝尔市特产，全国农产品地理标志。

1. 外貌特征

三河牛体格高大结实，肢势端正，四肢强健，蹄质坚实。有角，角稍向上、向前方弯曲，少数牛角向上。乳房大小中等，质地良好，乳静脉弯曲明显，乳头大小适中，分布均匀。毛色为红（黄）白花，花片分明，头白色，额部有白斑，四肢膝关节下部、腹部下方及尾尖为白色。成年公、母牛的体重分别为1 050千克和547.9千克，体高分别为156.8厘米和131.8厘米。犊牛初生重，公犊为35.8千克，母犊为31.2千克。6月龄体重，公牛为178.9千克，母牛为169.2千克。从断奶到18月龄之间，在正常的饲养管理条件下，平均日增重为500克，从生长发育上，6岁以后体重停止增长，三河牛属于晚熟品种。

2. 生产性能

三河牛的产肉性能好，2~3岁公牛的屠宰率为50%~55%，净肉率为44%~48%。三河牛产奶性能好，年平均产奶量为4 000千克，乳脂率在4%以上。在良好的饲养管理条件下，其产奶量显著提高。谢尔塔拉种畜场的8 144号母牛，1977年第五泌乳期（305天）的产奶量为7 702.5千克，360天的产奶量为8 416.6千克，是呼伦贝尔三河牛单产最高纪录。

（三）蜀宣花牛

1. 原产地及育成简史

“蜀宣花牛”是以宣汉黄牛为母本，选用原产于瑞士的西门塔尔牛和荷兰的荷斯坦乳用公牛为父本，从1978年开始，通过西门塔尔牛与宣汉黄牛杂交，导入荷斯坦奶牛血缘后，再用西门塔尔牛级进杂交创新，经横交固定和4个世代的选育提高，历经30余年培育而成的乳肉兼用型牛新品种。“蜀宣花牛”血统来源清楚，遗传性能稳定，含西门塔尔牛血缘81.25%，荷斯坦牛血缘12.5%，宣汉黄牛血缘6.25%。

2011年10月23—25日，国家畜禽遗传资源委员会牛马驼专业委员会在四川省达州市宣汉县，对四川省畜牧科学研究院和四川省达州市宣汉县畜牧食品局等单位申报的“蜀宣花牛”新品种进行了现场审定。2012年3月2日，国家农业部发布第1731号公告，命名并颁发“蜀宣花牛”（畜禽新品种）证书。

2. 外貌特征

“蜀宣花牛”体型外貌基本一致。毛色为黄白花或红白花，头部、尾梢和四肢为白色；头中等大小，母牛头部清秀；成年公牛略有肩峰；有角，角细而向前上方伸展；鼻镜肉色或有斑点；体型中等，体躯宽深，背腰平直、结合良好，后躯较发达，四肢端正结实；角、蹄以蜡黄色为主；母牛乳房发育良好。

3. 生产性能

"蜀宣花牛"母牛初配时间为16~20月龄，妊娠期278天左右。公、母牛出生重分别为31.6千克和29.6千克；6月龄公、母牛体重分别为149.3千克和154.7千克；12月龄公、母牛体重分别为315.1千克和282.7千克。成年公、母牛体高分别为149.8厘米和128.1厘米，体斜长分别为180.0厘米和157.9厘米，胸围分别为212.5厘米和188.6厘米，管围分别为24.3厘米和18.6厘米。

"蜀宣花牛"第四世代群体平均年产奶量为4 480千克，平均泌乳期为297天，乳脂含量4.16%，乳蛋白含量3.19%。公牛18月龄育肥体重平均达499.2千克，90天育肥期平均日增重为1 275.6克，屠宰率57.6%，净肉率48.0%。

"蜀宣花牛"性情温顺，具有生长发育快、产奶和产肉性能较优、抗逆性强、耐湿热气候，耐粗饲、适应高温（低温）高湿的自然气候及农区较粗放条件饲养等特点，深受各地群众欢迎，培育期间已向育种区外的贵州、云南、西藏、重庆、河北、上海等省市和省内近20个市（州）中试推广5 000余头母牛、500余头公牛。

三、我国地方肉牛良种

我国黄牛资源丰富、分布广泛，其中的秦川牛、晋南牛、南阳牛、鲁西牛和延边牛，属于五大地方良种黄牛。此外，郏县红牛、渤海黑牛、蒙古牛等都是我国比较著名的地方良种肉牛品种。与国外品种相比，我国良种黄牛肉品质上乘、风味浓郁、多汁细嫩，但生长速度和饲料效率却不理想，需要引进国外良种进行适度杂交改良。即使如此，在肉牛生产中，这些优良品种仍然不可忽视。

（一）秦川牛

秦川牛是我国著名的大型役肉兼用牛品种，因产于陕西省关中地区的"八百里秦川"而得名，主要产地在秦川15个县（市），其中，以咸阳、兴平、乾县、武功、礼泉、扶风、渭南、宝鸡等地的秦川牛最为著名，量多质优。

关中地区有种植苜蓿喂牛的习惯，主要农作物包括小麦、玉米、豌豆、棉花等。当地群众喜欢选择大牛作种用，饲养管理精细。在长期选择体格高大、役用力强、性情温驯的牛只作种用的条件下，加上历代广种苜蓿等饲料作物，逐步形成了秦川牛良好的基础种群。

1. 体型外貌

秦川牛被毛有紫红色、红色、黄色 3 种，以紫红色和红色居多；鼻镜多呈肉红色，亦有黑色、灰色和黑斑点等颜色。蹄壳分红色、黑色和红黑色相间，以红色居多。头部方正，角短而钝，多向外下方或向后稍弯，角形非常一致。秦川牛体型大，各部位发育均衡，骨骼粗壮，肌肉丰满，体质强健，肩长而斜，前躯发育良好，胸部深宽，肋长而开张，背腰平直宽广，长短适中，荐骨部稍隆起，一般多是斜尻，四肢粗壮结实，前肢间距较宽，后肢飞节靠近，蹄呈圆形，蹄叉紧、蹄质硬。成年公牛平均体重 620. 9 千克，体高 141. 7 厘米；成年母牛平均体重 416 千克，体高 127. 2 厘米。

2. 生产性能

在平原丘陵地区的自然环境和气候条件下，秦川牛能正常发育，但却不能很好地适应热带和亚热带地区以及山区的自然条件。秦川牛曾被输送到浙江、安徽等地，用以改良当地黄牛，改良的后代体格和使役力均超过当地牛。目前，该品种牛主要向肉用方向改良，但也向肉乳兼用型改良，同时可作为奶牛胚胎移植的优良受体。

在中等饲养水平下，18~24 月龄成年母牛平均胴体重 227 千克，屠宰率为 53. 2%，净肉率为 39. 2%；25 月龄公牛平均胴体重 372 千克，屠宰率 63. 1%，净肉率 52. 9%。母牛产奶量 715. 8 千克，乳脂率 4. 7%。在良好的饲养条件下，6 月龄公犊达 250 千克，母犊达 210 千克，日增重可达1 400克。

（二）晋南牛

晋南牛产于山西省晋南盆地，包括运城市的万荣、河津、临猗、永济、运城、夏县、闻喜、芮城、新绛，以及临汾市的侯马、曲沃、襄汾等县（市），以万荣、河津和临猗 3 县的晋南牛数量最多、质量最好。其中，河津、万荣为晋南牛种源保护区。

晋南盆地农业开发早，养牛是当地的传统。农作物以棉花、小麦为主，其次为豌豆、黑豆等豆科作物，当地传统习惯种植苜蓿、豌豆等豆科作物，与棉、麦倒茬轮作，使土壤肥力得以维持。分布在盆地周围的山区丘陵地和汾河、黄河河滩地带的天然草场，给草食家畜提供了大量优质饲料、饲草及放牧地。当地群众习惯将青苜蓿和小麦秸分层铺在场上碾压，晾干后作为枯草期黄牛的粗饲料。当地群众重视牛的体型、外貌、毛色一致。

1. 体型外貌

晋南牛属大型役肉兼用牛品种，体躯高大结实，胸部及背腰宽阔，成年牛前躯较后躯发达，具有役用牛的体型外貌特征。公牛头中等长，额宽，鼻镜粉红色，顺风角为主，角型较窄，颈较粗短，垂皮发达，肩峰不明显。蹄大而圆，质地致密。母牛头部清秀，乳头细小。毛色以枣红色为主，也有红色和黄色。成年公牛平均体重 660 千克，体高 142 厘米；成年母牛平均体重 442.7 千克，体高 133.5 厘米。晋南牛的公牛和母牛臀部都较发达，具有一定的肉用牛外形特征。

2. 生产性能

在一般育肥条件下，成年牛日增重可达 851 克，最高日增重可达 1.13 千克。在营养丰富的条件下，12~24 月龄公牛日增重达 1 千克，母牛日增重约 0.8 千克。育肥后屠宰率可达 55%~60%，净肉率为 45%~50%。母牛产乳量 745 千克，乳脂率为 5.5%~6.1%。母牛 9~10 月龄开始发情，2 岁配种；产犊间隔为 14~18 个月，终生产犊 7~9 头。公牛 9 月龄性成熟，成年公牛平均每次射精量为 4.7 毫升。

（三）南阳牛

南阳牛产于河南南阳地区白河和唐河流域的广大平原地区，以南阳市郊区、唐河、邓县、新野、镇平等县市为主要产区。除南阳盆地几个平原县市外，周口、许昌、驻马店、漯河等地区的南阳牛分布也较多。

南阳地区农作物主要有小麦、玉米、甘薯、高粱、豌豆、蚕豆、黑豆、黄豆、水稻、谷子、大麦等，饲草料丰富，尤以豆类供应充足，群众有用豆类磨浆喂牛的习惯。长期选择体型高大、耕作力强的个体培育而成。可以说，南阳牛的育成，既得益于南阳盆地唐、白河流域特有的生态区位和自然资源的先天优势，也与南阳人民千百年来的辛勤培育密不可分。

1. 体型外貌

南阳黄牛属大型役肉兼用品种，体格高大，肌肉发达，结构紧凑，皮薄毛细，行动迅速，鼻镜宽，口大方正，肩部宽厚，胸骨突出，肋间紧密，背腰平直，荐尾略高，尾巴较细，四肢端正，筋腱明显，蹄质坚实。但部分牛也存在着胸部深度不够、尻部较斜和乳房发育较差的缺点。公牛角基较粗，以萝卜头角为主，母牛角较细。鬐甲较高，公牛肩峰 8~9 厘米。南阳牛有黄色、红色、草白 3 种毛色，以深浅不等的黄色为最多，一般牛的面部、腹下和四肢下部毛色较浅。鼻镜多为肉红色，其中部分带有黑点。蹄壳以黄蜡、琥珀色带血筋较多。成年公牛平均体重647千克，体高145厘米；成年母牛平均体重412千克，体高126厘米。

2. 生产性能

南阳牛善走，挽车与耕作迅速，有快牛之称，役用能力强，公牛最大挽力为398.6千克，占体重的74%，母牛最大挽力为275.1千克，占体重的65.3%。公牛育肥后，1.5岁牛的平均体重可达441.7千克，日增重813克，平均胴体重240千克，屠宰率55.3%，净肉率45.4%。3~5岁阉牛经强度育肥，屠宰率可达64.5%，净肉率达56.8%。母牛产乳量600~800千克，乳脂率为4.5%~7.5%。在纯种选育和本身的改良上，南阳牛有向早熟肉用方向和兼用方向发展的趋势。

（四）鲁西黄牛

鲁西黄牛也称为“山东牛”，是我国黄牛的优良地方品种。鲁西黄牛主要产于山东省西南部，以菏泽市的郓城、菏泽、巨野、梁山和济宁地区的嘉祥、金乡、济宁、汶上等县为中心产区。鲁西黄牛以优质育肥性能著称。

鲁西地处平原，地势平坦，面积大而土质黏重，耕作费力，加之当地交通闭塞，其他役畜饲养甚少，耕作和运输基本都依靠役牛承担，且本地农具和车辆都极笨重，这些特点促进了群众饲养大型牛的积极性。汉代时的牛已具有现代鲁西牛的雏形，明、清两朝以该牛为宫廷用牛，之后，德国、日本先后选用该牛。由于肉牛以质论价，促进了群众养大型膘牛和选育大型牛的积极性。

1. 体型外貌

鲁西黄牛体躯高大，身稍短，骨骼细，肌肉发达，背腰宽平，侧望为长方形，体躯结构匀称，细致紧凑，具有较好的役肉兼用体型。鼻镜与皮肤多为淡肉红色，部分牛鼻镜有黑色或黑斑。角色蜡黄或琥珀色。骨骼细，肌肉发达。蹄质致密，但硬度较差，不适于山地使役。鲁西黄牛被毛从浅黄到棕红色都有，以黄色为最多。多数牛有完全或不完全的“三粉”特征（指眼圈、口轮、腹下与四肢内侧色淡）。公牛头大小适中，多平角或龙门角，垂皮较发达，肩峰高而宽厚，胸深而宽，但缺点是后躯发育较差，尻部肌肉不够丰满。母牛头狭长，角形多样，以龙门角较多，后躯发育较好，背腰较短而平直，尻部稍倾斜。成年公牛平均体重644千克，体高146厘米；成年母牛平均体重366千克，体高123厘米。

2. 生产性能

鲁西黄牛对高温适应能力较强，而对低温适应能力则较差，在冬季-10℃以下的条件下，要求有严密保暖的厩舍，否则易发生死牛现象。鲁西黄牛的抗病力较强，尤其是具有较强的抗焦虫病能力。鲁西黄牛主要生活在地势平坦的中原地区，不适于生活在山区。以青草和少量麦秸为粗料，每天补喂混合精料 2 千克，1～1.5 岁牛平均胴体重 284 千克，平均日增重 610 克，屠宰率 55.4%，净肉率 47.6%。鲁西黄牛产肉性能良好，肌纤维细，脂肪分布均匀，呈明显的大理石状花纹。

（五）延边牛

延边牛是东北地区优良地方牛种之一。主要产于吉林省延边朝鲜族自治州的延吉、和龙、汪清、珲春及毗邻地区，分布于东北三省东部的狭长地带。

延边朝鲜族自治州土地肥沃，农业生产较发达，农副产品丰富，天然草场广阔，草种繁多，并有大量的林间牧地，该地水草丰美，气候相宜，有利于养牛业的发展。朝鲜族素有养牛的习惯，人们特别喜爱牛，饲养管理细致周到，冬季采用“三暖”（住暖圈、饮暖水、喂暖料）饲养，夏季到野外放牧饲养。平时注意淘汰劣质种牛，严格进行选种选配。由于产区农业生产上的使役需要，对形成延边牛结实的体质、良好的役用性能等，都曾起过重要作用。清朝以来，随着朝鲜民族的迁入，将朝鲜牛带入我国东北地区，带入的朝鲜牛和本地牛长期进行杂交，经精心培育后，育成了延边牛。在延边牛育成过程中，还导入了一些蒙古牛和乳用牛品种的血脉，可以说，延边牛是朝鲜牛与本地牛长期杂交的结果。

1. 体型外貌

延边牛胸部深宽，骨骼坚实，被毛长而密，皮厚而有弹力。公牛头方额宽，角基粗大，多向外后方伸展成“一”字形或倒八字形。母牛头大小适中，角细而长，多为龙门角。毛色多呈浓淡不同的黄色，鼻镜一般呈淡褐色或带有黑斑点。成年公牛平均体重 465 千克，体高 131 厘米；成年母牛平均体重 365 千克，体高 122 厘米。

2. 生产性能

延边牛体质结实，抗寒性能良好，耐寒，耐劳，耐粗饲，抗病力强，适应水田作业。公牛经 180 天育肥，屠宰率可达 57.7%，净肉率 47.23%，日增重 813 克。母牛产乳量 500～700 千克，乳脂率 5.8%～8.6%。母牛初情期为 8~9 月龄，性成熟期平均为 13 月龄。公牛性成熟平均为 14 月龄。

（六）郏县红牛

郏县红牛原产于河南省郏县，毛色多呈红色，故而得名。郏县红牛是我国著名的役肉兼用型地方优良黄牛品种，现主要分布于郏县、宝丰、鲁山 3 个县和毗邻各县以及洛阳、开封等地区部分县境内。

郏县红牛是在当地优越的生态环境条件下，经过劳动人民长期精心选育而形成的优良地方黄牛品种。1952 年参加全国第一届农产品展览会，1997 年发布了地方品种标准，2006 年被列入农业部《国家级畜禽遗传资源保护名录》。

1. 体型外貌

郏县红牛体格中等大小，结构匀称，体质强健，骨骼坚实，肌肉发达，后躯发育较好，侧观呈长方形，具有役肉兼用牛的体型。头方正，额宽，嘴齐，眼大有神，耳大且灵敏，鼻孔大，鼻镜肉红色，角短质细，角型不一。被毛细短，富有光泽，分紫红、红、浅红 3 种毛色。公牛颈稍短，背腰平直，结合良好，四肢粗壮，尻长稍斜，睾丸对称，发育良好。母牛头部清秀，体型偏低，腹大而不下垂，鬐甲较低且略薄，乳腺发育良好，肩长而斜。郏县红牛成年公牛体重 608 千克，体高 146 厘米，成年母牛体重 460 千克，体高 131 厘米。

2. 生产性能

郏县红牛体格高大，肌肉发达，骨骼粗壮，健壮有力，役用能力较强，是山区农业生产上的主要役力。郏县红牛早熟，肉质细嫩，肉的大理石纹明显，色泽鲜红。据对 10 头 20~23 月龄阉牛肥育后屠宰测定，平均胴体重为 176.75 千克，平均屠宰率为 57.57%，平均净肉重 136.6 千克，净肉率 44.82%。12 月龄公牛平均胴体重 292.4 千克，屠宰率 59.9%，净肉率 51%。

（七）渤海黑牛

渤海黑牛原称“抓地虎牛”“无棣黑牛”，是中国罕见的黑毛牛品种，原产于山东省滨州市，主要分布于无棣县、沾化县、阳信县和滨城区。在山东省的东营、德州、潍坊 3 市和河北省沧州市也有分布。

历史上，蒙古草原游牧民族曾多次南迁至滨州地区，渤海黑牛极有可能是与蒙古牛杂交、经长期选育而成的品种。渤海黑牛属于黄牛科，是世界上三大黑毛黄牛品种之一，因为它全身被毛黑色，传统上一直叫它渤海黑牛，是山东省环渤海地区经长期驯化和选育而成的优良品种，2011 年开始受农产品地理标志保护。

1. 体型外貌

被毛呈黑色或黑褐色，有些腹下有少量白毛，蹄、角、鼻镜多为黑色。低身广躯，后躯发达，体质健壮，形似雄狮，当地称为“抓地虎”。头矩形，头颈长度基本相等，角多为龙门角。胸宽深，背腰长宽、平直，尻部较宽、略显方尻。四肢开阔，肢势端正。蹄质细致坚实。公牛额平直，眼大有神，颈短厚，肩峰明显；母牛清秀，面长额平，四肢坚实，乳房呈黑色。渤海黑牛成年公牛体重 487 千克，体高 130 厘米；母牛体重 376 千克，体高 120 厘米。

2. 生产性能

渤海黑牛肉质细嫩，呈大理石状，营养丰富，肉品蛋白质中，氨基酸总量达 95.11%。自 20 世纪 90 年代开始，渤海黑牛出口日本、中国香港等国家和地区，被誉为“黑金刚”。未经肥育时，渤海黑牛公牛和阉牛屠宰率为 53%，净肉率为 44.7%，胴体产肉率为 82.8%，肉骨比为 5.1∶1。在营养水平较好的情况下，公牛 24 月龄体重可达 350 千克。在中等营养水平下进行育肥，14~18 月龄公牛和阉牛平均日增重达 1 千克，平均胴体重 203 千克，屠宰率为 53.7%，净肉率为 44.4%。

（八）蒙古牛

蒙古牛是我国古老的牛种，原产于内蒙古高原地区，以大兴安岭东西两麓为主。现广泛分布于内蒙古、东北、华北北部和西北各地，蒙古和苏联以及亚洲中部的一些国家也有饲养。蒙古牛是牧区乳、肉的主要来源，以产于锡林郭勒盟乌珠穆沁的类群最为著名。我国的三河牛和草原红牛都以蒙古母牛为基础群而育成。

1. 体型外貌

蒙古牛体格中等，头短、宽而粗重。眼大有神，角向上前方弯曲，平均角长，母牛 25 厘米，公牛 40 厘米，角间线短，角间中点向下的枕骨部凹陷有沟。颈短而薄，鬐甲低平，肉垂不发达。胸部狭窄，肋骨开张良好，腹大、圆而紧吊，后躯短窄，尻部尖斜。四肢粗短，多呈“X”状肢势，后肢肌肉发达，蹄质坚实。乳房发育良好，乳房基部宽大，结缔组织少，但乳头小。毛色以黄褐色及黑色居多，其次为红（黄）白花或黑白花。成年公牛体高 120.9 厘米，体重 450 千克，母牛体高 110.8 厘米，体重 370 千克。

2. 生产性能

蒙古牛具有肉、乳、役多种经济用途，但生产水平均不高。全身肌肉发育欠丰满，后腿发育更差。产肉量与屠宰率随季节不同而有较大差异。8 月下旬屠宰的上等膘情母牛，屠宰率为 51.5%。泌乳期 6 个月左右，平均产乳量 665 千克，乳脂率 5.2%。中等营养水平的阉牛平均宰前重 376.9 千克，屠宰率为 53%，净肉率 44.6%，骨肉比 1∶5.2，眼肌面积 56 厘米^2。肌肉中粗脂肪含量高达 43%。蒙古牛役用性能良好，持久力强，吃苦耐劳。蒙古牛耐热、抗寒、耐粗饲，抗病，适应性强，容易育肥，肉的品质好，生产潜力大。

四、引进的肉牛品种

（一）西门塔尔牛

西门塔尔牛原产于瑞士阿尔卑斯山西部西门河谷。19 世纪初育成，是乳肉兼用牛，役用性能也很好。自 20 世纪 50 年代开始，我国从苏联引进西门塔尔牛；70—80 年代，先后从瑞士、德国、奥地利等国引进西门塔尔牛。该品种是目前群体最大的引进兼用品种。1981 年成立中国西门塔尔牛育种委员会。中国西门塔尔牛品种于 2006 年在内蒙古和山东省梁山县同时育成，由于培育地点的生态环境不同，分为平原、草原、山区 3 个类群。

1. 外貌特征

西门塔尔牛毛色多为黄白花色或淡红白花色，头、胸、腹下、四肢、尾帚多为白色。体格高大，成年母牛体重 550~800 千克，公牛 1 000~1 200千克，犊牛初生重 30~45 千克；成年母牛体高 134~142 厘米，公牛 142~150 厘米。西门塔尔牛后躯较前躯发达，中躯呈圆筒形，额与颈上有卷曲毛，四肢强壮，大腿肌肉发达，蹄圆厚。乳房发育中等，乳头粗大，乳静脉发育良好。

2. 生产性能

西门塔尔牛肉用、乳用性能均佳，平均产乳量 4 700千克以上，乳脂率 4%。初生至 1 周岁，平均日增重可达 1.32 千克，12~14 月龄活重可达 540 千克以上。较好条件下屠宰率为 55%~60%，育肥后屠宰率可达 65%。西门塔尔牛的牛肉等级明显高于普通牛肉，肉色鲜红，纹理细致，富有弹性，大理石花纹适中，脂肪色泽为白色或带淡黄色，脂肪质地有较高的硬度。西门塔尔牛胴体体表脂肪覆盖率为100%，普通牛肉很难达到这个标准。西门塔尔牛耐粗饲，适应性强，有良好的放牧性能，四肢坚实，寿命长，繁殖力强。

在杂交利用或改良地方品种时，西门塔尔牛是优秀的父本。与我国北方黄牛杂交，所生后代体格增大，生长加快，杂种2代公架子牛育肥效果好，精料50%时日增重达到1千克，受到群众欢迎。西杂2代牛，产奶量达到2 800千克，乳脂率4.08%。

（二）夏洛莱牛

夏洛莱牛是著名的大型肉牛品种，原产于法国中西部到东南部的夏洛莱和涅夫勒地区。18世纪开始进行系统选育，主要通过本品种严格选育，1920年育成专门肉用品种。我国在1964年和1974年先后两次直接由法国引进夏洛莱牛，分布在东北、西北和南方部分地区。用该品种与我国本地牛杂交进行改良，取得了明显效果。

1. 外貌特征

夏洛莱牛体躯高大强壮，全身毛色乳白色或浅乳黄色。头小而短宽，嘴端宽方，角中等粗细，向两侧或前方伸展，角色蜡黄。颈短粗，胸宽深，肋骨弓圆，腰宽背厚，臀部丰满，肌肉极发达，使体躯呈圆筒形，后腿部肌肉尤其丰厚，常形成“双肌”特征，四肢粗壮结实。公牛常有双鬐甲和凹背者。蹄色蜡黄，鼻镜、眼睑等为白色。成年夏洛莱公牛体高142厘米，体长180厘米，胸围244厘米，管围26.5厘米，体重1 140千克：相应成年母牛体高，体长，胸围，管围，体重分别为132厘米，165厘米，203厘米，21厘米，735千克，初生公犊重45千克，初生母犊重42千克。

2. 生产性能

夏洛莱牛以生长速度快、瘦肉产量高、体型大、饲料转化率高而著称。据法国的测定，在良好的饲养管理条件下，6月龄公犊体重达234千克，母犊210.5千克，平均日增重公犊1 000~1 200克，母犊1 000克。12月龄公犊重达525千克，母犊360千克。屠宰率为65%~70%，胴体产肉率为80%~85%。母牛平均产奶量为1 700~1 800千克，个别牛达到2 700千克，乳脂率为4.0%~4.7%。青年母牛初次发情为396日龄，初配年龄为17~20月龄。但是，由于该品种存在难产率高（13.7%）的缺点，在一定程度上影响了品种推广。夏洛莱牛生产性能上的主要缺点，是肌肉纤维比较粗糙、肉质嫩度不够好。

（三）利木赞牛

利木赞牛原产于法国中部利木赞高原，并因此而得名。利木赞牛在法国的分布仅次于夏洛莱牛。利木赞牛源于当地大型役用牛，主要经本品种选育，于1924年育成，属于专门化的大型肉牛品种。1974年和1993年，我国数次从法国引入利木赞牛，在河南、山东、内蒙古等地改良当地黄牛。

1. 外貌特征

利木赞牛毛色多以红黄为主，腹下、四肢内侧、眼睑、鼻周、会阴等部位毛色较浅，为白色或草白色。头短、额宽、口方、角细。蹄壳琥珀色。体躯冗长，肋骨弓圆，背腰壮实，荐部宽大，但略斜。肌肉丰满，前肢及后躯肌肉块尤其突出。在法国较好的饲养条件下，成年公牛体重可达1 200~1 500千克，公牛体高140厘米，成年母牛600~800千克，母牛体高131厘米，公犊初生重36千克，母犊35千克。

2. 生产性能

利木赞牛肉用性能好，生长快，尤其是幼年期，8月龄小牛就可以生产出具有大理石纹的牛肉，在良好的饲养条件下，公牛10月龄能长到408千克，12月龄达480千克。牛肉品质好，肉嫩，瘦肉含量高，肉色鲜红，纹理细致，富有弹性，大理石花纹适中，脂肪色泽为白色或带淡黄色。利木赞牛具有较好的泌乳能力，成年母牛平均泌乳量1 200千克，个别可达4 000千克，乳脂率为5%。

（四）安格斯牛

安格斯牛产于英国苏格兰北部的阿伯丁、安格斯和金卡丁等郡，全称阿伯丁-安格斯牛。安格斯牛是英国最古老的肉牛品种之一，但在1800年以后才开始被单独识别出来，作为优种肉牛进行饲养。安格斯牛的有计划育种工作，始于18世纪末，着重在早熟性、屠宰率、肉质、饲料转化率和犊牛成活率等方面进行选育，1862年育成。现在世界上主要的养牛国家，大多数都饲养安格斯牛。中国安格斯牛最近30年开始生产，生产基地在东北和内蒙古。

1. 外貌特征

安格斯牛无角，毛色以黑色居多，也有红色或褐色。体格低矮，体质紧凑、结实。头小而方，额宽，颈中等长且较厚，背线平直，腰荐丰满，体躯宽而深，呈圆筒形。四肢短而端正，全身肌肉丰满。皮肤松软，富弹性，被毛光泽而均匀，少数牛腹下、脐部和乳房部有白斑。成年公牛平均体重700~750千克，母牛500千克，犊牛初生重25~32千克。成年公牛体高130.8厘米，母牛118.9厘米。

2. 生产性能

安格斯牛具有良好的增重性能，日增重约为1 000克。早熟易肥，胴体品质和产肉性能均高。育肥牛屠宰率一般为60%~65%。安格斯牛母牛年平均泌乳量1 400~1 700千克，乳脂率3.8%~4%。安格斯牛12月龄性成熟，18~20月龄可以初配。产犊间隔短，一般为12个月左右。连产性好，初生重小，极少难产。安格斯牛对环境的适应性好，耐粗、耐寒，性情温和，抗某些红眼病，但有时神经质，不易管理，其耐粗性不如海福特牛。在国际肉牛杂交体系中，安格斯牛被认为是较好的母系。安格斯牛肉要在10℃以下冷藏10~14天时，食用的口感最好，这是牛肉中蛋白质纤维被自然分解的效果。没有经过冷藏的安格斯牛肉较韧，冷藏过度的则较老。

（五）海福特牛

海福特牛也是英国最古老的肉用品种之一，原产于英国英格兰西部威尔士地区的海福特县、牛津县及邻近诸县，属中小型早熟肉牛品种。海福特牛是在威尔士地方土种牛的基础上选育而成的。在培育过程中，曾采用近亲繁殖和严格淘汰的方法，使牛群早熟性和肉用性能显著提高，于1790年育成海福特品种。海福特牛现在分布在世界许多国家，我国在1913年、1965年曾陆续从美国引进海福特牛，现已分布于我国东北、西北广大地区。

1. 外貌特征

海福特牛体躯的毛色为橙黄色、黄红色或暗红色，头、颈、腹下、四肢下部和尾帚为白色，即“六白”特征。头短宽，角呈蜡黄色或白色。公牛角向两侧伸展，向下方弯曲，母牛角尖向上挑起，鼻镜粉红。体型宽深，前躯饱满，颈短而厚，垂皮发达，中躯肥满，四肢短，背腰宽平，臀部宽厚，肌肉发达，皮薄毛细，整个体躯呈圆筒状。分有角和无角两种。

成年海福特公牛体高134.4厘米，体重850~1 100千克；成年母牛体高126厘米，体重600~700千克。初生公犊重34千克，初生母犊重32千克。

2. 生产性能

海福特牛增重快，出生到12月龄，平均日增重达1 400克，18月龄体重725千克（英国）。据黑龙江省的资料，海福特牛哺乳期平均日增重，公犊1 140克，母犊890克。7~12月龄的平均日增重，公牛980克，母牛850

克。屠宰率一般为60%~64%；经育肥后，屠宰率可达67%~70%，净肉率达60%。海福特牛肉质细嫩，味道鲜美，肌纤维间沉积丰富的脂肪，肌肉呈大理石状。年产乳量1 200~1 800千克，但常有泌乳量不能满足哺乳牛的情况出现。海福特牛性成熟早，小母牛6月龄开始发情，15~18月龄、体重达445千克可以初次配种。海福特牛适应性好，在年气温变化为-48~38℃的环境中，仍然表现出良好的生产性能。该品种耐粗饲，放牧时觅食性能好，不挑食，性情温顺，但反应迟钝。

（六）皮埃蒙特牛

皮埃蒙特牛原产于意大利北部皮埃蒙特地区，包括都灵、米兰等地，属于欧洲原牛与短角瘤牛的混合型，是在役用牛基础上选育而成的专门化肉用品种。皮埃蒙特牛是目前国际上公认的终端父本，已被20多个国家引进，用于杂交改良。我国于1987年和1992年先后从意大利引进皮埃蒙特牛，并开展了皮埃蒙特牛对中国黄牛的杂交改良工作，现已在10余省市推广应用。

1. 外貌特征

皮埃蒙特牛体型较大，体躯呈圆筒状，肌肉发达。毛色为乳白色或浅灰色，鼻镜、眼圈、肛门、阴门、耳尖、尾帚为黑色，犊牛幼龄时毛色为乳黄色，后变为白色。成年公牛体重800~1 000千克，母牛500~600千克。公牛体高140厘米，体长170厘米；母牛体高136厘米，体长146厘米。公犊初生重42千克，母犊初生重40千克。

2. 生产性能

皮埃蒙特牛生长快，育肥期平均日增重1 500克。肉用性能好，屠宰率一般为65%~70%；肉质细嫩，瘦肉含量高，胴体瘦肉率达84.13%。皮埃蒙特牛的牛排肉中，脂肪以极细的碎点散布在肌肉纤维中，难以形成大理石状肉。皮埃蒙特牛有较好的泌乳性能，年泌乳量达3 500千克。

（七）德国黄牛

德国黄牛原产于德国和奥地利，其中德国数量最多，是瑞士褐牛与当地黄牛杂交育成的品种，可能含有西门塔尔牛的基因。1970年出版良种登记册，为肉乳兼用品种。1996年和1997年，我国先后从加拿大引进纯种德国黄牛，表现适应性强、生长发育良好，主要用于各地黄牛的改良。

1. 外貌特征

德国黄牛毛色为浅黄色、黄色或淡红色。体型外貌近似西门塔尔牛。体格大，体躯长，胸深，背直，四肢短而有力，肌肉强健。成年公牛体重1 000~1 100千克，母牛体重700~800千克；公牛体高135~140厘米，母牛体高130~134厘米。

2. 生产性能

德国黄牛母牛乳房大，附着结实，泌乳性能好，年产奶量达4 164千克，乳脂率为4.15%。初产年龄为28个月，难产率低。公犊平均初生重42千克，断奶重231千克。育肥性能好，去势小牛育肥到18月龄，体重达600~700千克，平均日增重985克。平均屠宰率为62.2%，净肉率为56%。

（八）契安尼娜牛

契安尼娜牛原产于意大利多斯加尼地区的契安尼娜山谷，由当地古老役用品种培育而成。1931年建立良种登记簿，是目前世界上体型最大的肉牛品种。契安尼娜牛现主要分布于意大利中西部的广阔地域。

1. 外貌特征

契安尼娜牛被毛白色，尾帚黑色，除腹部外，皮肤均有黑色素；犊牛初生时，被毛为深褐色，在60日龄内逐渐变为白色。契安尼娜牛体躯长，四肢高，体格大，结构良好，但胸部深度不够。成年公牛体重1 500千克，最大可达1 780千克，母牛体重800~900千克；公牛体高184厘米，母牛体高157~170厘米。公犊初生重47~55千克，母犊初生重42~48千克。

2. 生产性能

契安尼娜牛生长强度大，日增重达1 000克以上，2岁内最大日增重可达2 000克。牛肉量多而品质好，大理石纹明显。契安尼娜牛适应性好，繁殖力强，很少难产，抗晒耐热，宜于放牧。母牛泌乳量不高，但足够哺育犊牛。

五、肉牛品种选择与引种

我国肉牛生产发展较晚，没有大群引进肉用品种牛，肉牛安全生产，应根据资源、市场和经济效益等自身具体条件决定，其中，合理选择养殖品种至关重要。同时，我国地域辽阔，地域差别很大，原生牛种数量多，各品种在生产性能和适应性方面呈高度差异，因此，肉牛安全生产还应根据自然资源状况、气候条件和地理特征，分区域统筹考虑。这里，为全国各地区推荐一些适宜当前肉牛业发展的国内外肉牛优良品种。

（一）育肥肉牛的品种选择

为发挥区域比较优势和资源优势，加快优势区域肉牛产业的发展和壮大，构筑现代肉牛生产体系，提高牛肉产品市场供应保障能力和国际市场竞争能力，农业部（现“农业农村部”）于2003年发布了《肉牛肉羊优势区域发展规划（2003—2007年）》，2009年又发布了《全国肉牛优势区域布局规划（2008—2015年）》，对各区域肉牛养殖产业的目标定位与主攻方向做了明确的规划。养殖户选择肉牛，应首先参照区域布局规划给出的指导意见，选择适宜区域目标定位的品种，保证产品能够推向区域大市场。

1. 按区域特点选择

（1）南方区域　指秦岭、淮河以南的部分省区，包括湖北、湖南、广西、广东、江西、浙江、福建、海南、重庆、贵州、云南及四川东南部等广大区域。该区域农作物副产品资源和青绿饲草资源丰富，但肉牛产业基础薄弱，地方品种个体小，生产能力相对较低。该区域内的养殖户，建议使用云岭牛以及婆罗门牛、西门塔尔牛、安格斯牛和婆墨云牛等品种的改良牛。

（2）中原区域　包括山西、河北、山东、河南、安徽和江苏等地。该区域农副产品资源和地方良种资源丰富，最早进行肉牛品种改良并取得显著成效。该区域内的养殖户，建议使用西门塔尔牛、安格斯牛、夏洛莱牛、利木赞牛和皮埃蒙特牛等品种的改良牛。该区域的原生牛品种，如夏南牛、鲁西牛、南阳牛、晋南牛、郏县红牛、渤海黑牛等，经长期驯化形成，具有适应性强、产肉率高的特点，也是优先选择的肉牛品种。

（3）东北区域　包括黑龙江、吉林、辽宁和内蒙古自治区东部地区。该区域具有丰富的饲料资源，饲料原料价格低，肉牛生产效率较高，平均胴体重高于其他地区。该区域内的养殖户，建议使用西门塔尔牛、安格斯牛、夏洛莱牛、利木赞牛以及黑毛和牛等品种的改良牛。该区域内的地方品种，如延黄牛、辽育白牛、延边牛、蒙古牛、三河牛和草原红牛等，具有繁殖性能好、耐寒耐粗饲料等特点，也可考虑选择使用。

（4）西部区域　包括陕西、甘肃、宁夏、青海、西藏、新疆、内蒙古西部及四川西北部。该区域天然草原和草山草坡面积较大，引进美国褐牛、瑞士褐牛等国外优良肉牛品种后，在地方品种改良上取得了较好的效果。该区域内的养殖户，建议使用华西牛、安格斯牛、西门塔尔牛、利木赞牛、夏洛莱牛等品种的改良牛。适宜选择的国内品种主要有新疆褐牛、秦川牛。四川西北地区牦牛品种和数量相对较大，已形成优势产业，应重点推广大通牦牛等牦牛品种。

2. 按市场要求选择

（1）瘦肉市场　市场需求脂肪含量少的牛肉时，可选择使用皮埃蒙特牛、夏洛莱牛、比利时蓝白花牛等引进品种的改良牛，或者选择荷斯坦牛的公犊。改良代数越高，其生产性状越接近引进品种，但只有饲养管理条件与该品种特性一致时，才能充分发挥该杂种牛的最优性状。上述品种主要在农区圈养育成，若改用放牧方式，饲养于牧草贫乏的山区、牧区则效果不好。不管在什么地区，日粮中蛋白质含量必须满足需要才行，否则，很难获得理想的日增重。

（2）肥肉市场　市场需要含脂肪较高的牛肉时，可选择地方优良品种，如晋南牛、秦川牛、南阳牛和鲁西牛等。这些品种耐粗饲，只要日粮能量水平高，即可获得含脂肪较多的胴体。除了地方品种，也可选择安格斯牛、海福特牛、短角牛等引进品种的改良牛。需要注意的是，除海福特牛以外，引进品种均不耐粗饲，需要有良好的饲料条件。

（3）花肉市场　花肉即五花肉。高品质的五花牛肉，脂肪沉积到肌肉纤维之间，形成红、白相间的大理石花纹，俗称“大理石状”牛肉或“雪花”牛肉。这种牛肉香、鲜、嫩，是中西餐均适用的高档产品。市场需求“雪花”牛肉时，需要选择地方优良品种以及安格斯牛、利木赞牛、西门塔尔牛、短角牛等引进品种的改良牛。在高营养条件下育肥这类牛，既能获得高日增重，也容易形成受市场欢迎的五花肉。

（4）白肉市场　白肉用犊牛育肥而成，肉色全白或稍带浅粉色，肉质细嫩，营养丰富，味道鲜美，市场价格比普通牛肉高出数倍。白肉可分为小白牛肉和小牛肉两种。用牛奶作日粮，养到4~5月龄、体重150千克左右屠宰的肉叫小白牛肉；用代乳料作日粮，养到7~8月龄、体重250千克左右屠宰的肉叫小牛肉。生产白肉的品种，以乳用公犊最佳，肉用公犊次之。市场需要白肉时，选择乳牛养殖业淘汰的公牛犊，低成本也可获得高效益。选择经夏洛莱牛、利木赞牛、西门塔尔牛、皮埃蒙特牛等优良品种改良的公犊，也可培育出优质的犊牛肉。

3. 按经济效益选择

（1）考虑产销关系　生产“白肉”投入很大，必须按市场需求量有计划地进行，不能盲目扩大生产。“雪花牛肉”在餐饮行业市场较广，是肥牛火锅、铁板牛肉、西餐牛排等销售渠道优先选用的产品，但成本较高，市场风险相对较大。所以，牛肉生产应按市场需求，做到以销定产。最好建立自己的供销体系，或者纳入已有的供销体系中。没有稳妥可靠的销售渠道，无法很好地适应牛肉市场需求，只能选择生产普通牛肉的品种。

（2）考虑杂种优势　用引进国外优良品种培育的改良牛，具有明显的杂种优势，生长发育快，抗病力强，适应性好，可在一定程度上降低饲养成本。选择具有杂种优势的改良牛，养殖效益相对较好。有条件的地方，可建立优良多元杂交体系、轮回体系，进一步提高优势率；也可按照市场需求，利用不同杂交系改善牛肉质量，达到最高的经济效益。

（3）考虑性别特点　在确定肉牛品种的前提下，适度考虑肉牛个体的性别特点，对养殖效益也有一定的影响。公牛生长发育快，在日粮丰富时可获得高日增重和高瘦肉率，生产瘦牛肉时应优先选择。相反，如果生产高脂肪牛肉与五花牛肉，则以母牛为宜。但需要注意的是，母牛较公牛多消耗10%以上的精料。阉牛的特性处于公牛和母牛之间。如果使用去势的架子牛，应在3~6月龄时去势，这样可以减少应激，显著提高出肉率和肉的品质。

（4）考虑体质外貌　在选择架子牛时，应该注重外貌和体重。肉牛体型要求发育良好、骨架大、胸宽深、背腰长宽直等。一般情况下，1.5~2岁牛的体重应在300千克以上，体高和胸围最好大于该月龄牛的平均值。另外还要看毛的颜色，角的状态，蹄、背、腰的强弱，肋骨的开张程度，肩胛的形状等。四肢与躯体较长的架子牛，有生长发育潜力；若幼牛体型已趋匀称，则将来发育不一定很好；十字部略高于体高和后肢飞节高的牛，发育能力强；皮肤松弛柔软、被毛柔软密致的牛，肉质良好；发育虽好但性情暴躁的牛，管理起来比较困难。体质健康、10岁以上的老牛，采用高营养水平育肥2~3个月，也可获得丰厚的经济效益，但不能采用低营养水平延长育肥期的方法，否则，牛肉质量差，且会增加饲草消耗和人工费用。

4. 按资源条件选择

（1）农区　农区以种植业为主，作物秸秆多，可利用草田轮作饲养西门塔尔等品种的改良牛，主要目标是为产粮区提供架子牛，以取得最大经济效益。而在酿酒业与淀粉业发达的地区，充分利用酒糟、粉渣等农副产品，购进架子牛进行专业育肥，能大幅度降低生产成本，取得最好的经济收益。

（2）牧区　牧区饲草资源丰富，养殖业发达，肉牛产业应以饲养西门塔尔牛、安格斯牛、海福特牛等引进品种的改良牛为主，主要目标是为农区及城市郊区提供架子牛。山区也具有充足的饲草资源，但肉牛育肥相对困难，也可以借鉴牧区的养殖模式，专门培育西门塔尔牛、安格斯牛、海福特牛等改良牛的架子牛。

（3）乳业区　乳牛业发达的地区，以生产白肉最为有利，因为有大量乳公犊可以利用，并且通过利用异常奶、乳品加工副产品等搭配日粮，也能大幅度降低生产成本。乳业区可充分利用乳牛公犊和淘汰乳牛等肉牛资源。这类肉牛的特点是体型大、增重快，但肉质相对较差。

5. 按气候条件选择

牛是喜凉怕热的家畜，如果气温过高（30℃以上），气温就会成为育肥的限制因子，所以，养牛防暑很重要。若没有条件防暑降温，则应选择耐热品种，如圣格鲁迪、皮尔蒙特、抗旱王、婆罗福特、婆罗格斯、婆罗门等牛的改良牛为佳。

（二）育种肉牛的选择方法

1. 肉牛的外貌特征

肉牛是通过人工选育形成的具有专门肉用性能的牛。其外貌特征，从牛的整体来看，四肢短直，体躯低垂，皮薄骨细，全身肌肉丰满，疏松而匀称。细致疏松型表现明显，整个体躯短、宽、深。前望、侧望、后望、俯望的轮廓，均呈“矩形”。

前望：由于胸宽而深，鬐甲平广，肋骨向两侧扩张而弯曲大，构成前望矩形。

侧望：由于颈短而宽，胸尻深厚，前胸突出，股后平直，构成侧望矩形。

后望：由于尻部平宽，两腿深厚，构成后望矩形。

俯望：由于鬐甲宽厚，背腰和尻部广阔，构成俯望矩形。

由于肉牛的体型方正，在比例上，前躯和后躯都高度发达，显得中躯相对较短，以致全身粗短紧凑，皮肤细薄而松软，皮下脂肪发达，尤其是早熟的肉牛，被毛细密而富有光泽，呈现卷曲状态的是优良肉用牛的特征。

从肉用牛的局部来看，与产肉性能最为重要的部位有鬐甲、背腰、前胸和尻部等部位。其中尻部最重要。

鬐甲要求宽厚多肉，与背腰平直，前胸饱满突出于两前肢之间，垂肉细软而不甚发达，肋骨弯曲度大，肋间隙较窄，两肩与胸部结合良好，无凹陷痕迹，丰满多肉。

背、腰要求宽广，与鬐甲及尾根在一条直线上，平坦而多肉。沿脊椎两侧和背腰非常发达，常形成“双背复腰”。腰宽肷小，腰线平直，宽广而丰圆。整个中躯呈现粗短圆筒状。

尻部对肉用牛来说特别重要，它应宽、长、平、直而富于肌肉，忌尖尻或斜尻。两腿宽而深厚，十分丰满。腰角丰圆，不可突出。两坐骨距离宽，厚实多肉，连接腰角、坐骨端与飞节三点，构成丰满多肉的肉三角形。

我国劳动人民总结肉牛的外貌特征为“五宽五厚”，即“额宽，颊厚；颈宽，垂厚；胸宽，肩厚；背宽，肋厚；尻宽，臀厚”。这种总结，对肉用牛体型外貌鉴定要点作出了精确的概括。

2. 肉牛的选择要求

牛的体型首先受躯干和骨骼大小的影响，如颈宽厚是肉用牛的特征，与乳用牛要求颈薄形成对照，肉用牛肩峰平整且向后延伸，直到腰与后躯都保持宽厚，这是生产高比例优质肉的标志。

犊牛体型可分成不同类型，犊牛生长早期如果在后肋、阴囊等处就沉积脂肪，表明不可能长成大型肉用牛。体躯很丰满而肌肉发育不明显，也是早熟品种的特点，对生产高瘦肉率是不利的。大骨架的牛比较有利于肌肉着生，但在选择时往往被忽视。

青年阶段体格较大而肌肉较薄，表明它是晚熟的大型牛，它将比体小而肌肉厚的牛更有生长潜力。因肌肉发达程度随年龄的增长而加强，并相对地超过骨骼生长，所以同龄的大型牛早期肌肉生长并不好，后期却能成为肌肉发达的肉牛。

体躯的骨骼，肌肉和脂肪沉积程度，共同影响着外表的厚度、深度和平滑度。牛在生长期，肩胛、颈、前胸、后胁部以及尾根等部位如果形态清晰、宽而不丰满，会有发育前途，相反，外貌丰满而骨架很小的牛不会有很大的长势。

不同的牛种在体型上有各自的特点，因各部位都受品种的影响，所以肉牛各部位好坏的评价，不同品种之间的评分不同，但都要强调综合性状。

3. 育种肉牛的选择方法

肉牛的选择方法，主要包括单项选择（纵列选择或衔接选择）法、独立淘汰法和指数选择法 3 种方法。

（1）单项选择法　是指按顺序逐一选择所要改良的性状，即当第一个性状经选择达到育种目标后，再选择第二个性状进行改良，以此类推地选择下去，直到全部性状都得到改良为止。这种方法简单易行，而且就某一性状而言，其选择效果很好。主要缺点是，当一次选择一个性状时，同时期别的性状较差的牛只仍会待在群内，影响整个牛群质量。

（2）独立淘汰法　是指同时选择几个性状，分别规定最低标准，只要有一个性状不够标准，即可予以淘汰。此法简单易行，能起到全面提高选择效果的作用。但这种方法选择的结果，容易将一些只有个别性状没有达到标准、其他方面都优秀的个体淘汰掉，而选留下来的，往往是各个性状都表现中等的个体。此法的缺点是对各个性状在经济上的重要性以及遗传力的高低都没有给予考虑。

（3）指数选择法　是根据综合选择指数进行选择。这个指数是运用数量遗传学原理，将要选择的若干性状的表型值，根据其遗传力、经济上的重要程度及性状间的表型相关和遗传相关，给予不同的适当权值，制订出一个可以使个体间相互比较的数值，然后，根据这个数值进行选择。

为了便于比较，把各性状都处于牛群平均值的个体选择指数值定为100，其他个体都与100比较，超过100者为优良，给予保留，不足100者就需要淘汰。

指数选择法效果的好坏，主要取决于加权值制订得是否合理。制订每个性状的加权值，主要决定于性状的相对经济价值及每个性状的遗传力和性状之间的遗传相关。

另外，选择肉牛种牛的先进方法，还有最佳线性无偏预测法（BLUP法）和新的动物模型法等方法。

4. 育种肉牛的选择途径

肉牛选择的一般原则是：选优去劣，优中选优。种公牛和种母牛的选择，是从品质优良的个体中精选出最优个体，即是“优中选优”。而对种母牛大面积的普查鉴定和等级评定等，则又是“选优去劣”的过程。在肉牛公母牛的选择中，种公牛的选择对牛群的改良起着关键作用。

种公牛的选择，首先是审查系谱，其次是审查该公牛外貌表现及发育情况，最后还要根据种公牛的后裔测定成绩，断定其遗传性能是否稳定。对种母牛的选择，则主要根据其本身的生产性能或与生产性能相关的一些性状进行考虑，此外，还要参考其系谱、后裔及旁系的表现情况作出决定。所以，选择肉牛的途径，主要包括系谱选择、本身选择、后裔选择和旁系选择等4项。

（1）系谱选择　系谱记录资料是比较牛只优劣的重要依据。选择小牛时，考察其父母、祖父母及外祖父母的性能成绩，对提高选种的准确性有重要作用。资料表明，种公牛后裔测定的成绩与其父亲后裔测定成绩的相关系数为0.43，与其外祖父后裔测定成绩的相关系数为0.24，而与其母亲1~5

个泌乳期产奶量之间的相关系数只有 0.21、0.16、0.16、0.28、0.08。由此可见，估计种公牛育种值时，对来自父亲的遗传信息和来自母亲的遗传信息，不能等量齐观，而应有所侧重。

（2）本身选择（个体成绩选择） 本身选择，就是根据种牛个体本身一种或若干种性状的表型值，判断其种用价值，从而确定个体是否选留，该方法又称性能测定和成绩测验。具体做法，可以在环境一致并有准确记录的条件下，与所有牛群的其他个体进行比较，或与所在牛群的平均水平比较。有时也可以与鉴定标准进行比较。

当小牛长到 1 岁以上时，就可以直接测量其某些经济性状（如 1 岁活重、肥育期增重效率等）进行选择。而对于胴体性状，则只能借助先进设备（如超声波测定仪等）进行辅助测量，然后对不同个体作出比较。对遗传力高的性状，适宜采用这种选择途径。

肉用种公牛的体型外貌，主要看其体型大小、全身结构是否匀称、外形和毛色是否符合品种要求、雄性特征是否明显、有无明显的外貌缺陷等。无论从哪个方向看，体躯都应呈明显的长方形、圆筒状，才是典型肉用牛的基本特征。凡是肢势不正、背线不平、颈线薄、胸狭腹垂、尖斜尻等，都是不良表现；而生殖器官发育良好、睾丸大小正常且有弹性等，则是性能优良的表现。凡是体型外貌有明显缺陷、生殖器官畸形、睾丸大小不一等，均不合乎种用特征。肉用种公牛的外貌评分不得低于一级，其中，核心公牛要求外貌评分应为特级。

除查看外貌外，还要测量种公牛的体尺和体重，按照品种标准分别评出等级。另外，还需要检查种公牛的精液质量，正常情况下，精子活力应不低于 0.7，死精、畸形精子过多者（高于 20%）不能作种用。

（3）后裔测验（成绩或性能试验） 后裔测验是根据后裔各方面的表现情况来评定种公牛好坏的一种鉴定方法，这是多种选择途径中最为可靠的选择方法。具体方法，是将选出的种公牛与一定数量的母牛进行配种，然后对这些母牛所生的犊牛进行成绩测定，从而评价使（试）用种牛品质优劣。这种方法虽然准确可靠，但需要的时间较长，往往等到后裔成绩出来时，被测种牛年龄已大，丧失了不少可利用的时间和机会。为改进这一缺陷，人们提出了一些技术方法，借以缩短测定时间。如：对被测公牛在后裔测验成绩出来之前，可以先采精并用液氮贮存，待成绩确定后再决定原冷冻精液是使用还是作废。使用这种方法，既可以对公牛的种用价值做出评定，也可以对母牛的种用价值做出评定；既可以对数量性状进行选择，也可以对质量性状加以选择。在生产中，后裔测定多用于选择种公牛。

（4）旁系选择（同胞或半同胞牛选择）　旁系是指选择个体的兄弟、姐妹、堂表兄妹等。它们与该个体的关系愈近，其材料的选择价值就越大。利用旁系材料的主要目的，是想从侧面证明一些由个体本身无法查知的性能（如公牛的泌乳力、配种能力等）。此法与后裔测定的结果相比较，可以节省时间。种牛的遗传力、育种值等遗传参数，均可通过旁系材料进行计算。

肉用种公牛的肉用性状，主要根据半同胞材料进行评定。应用半同胞材料估计后备公牛育种值的优点，是可对后备公牛进行早期鉴定，比后裔测定至少缩短 4 年以上的时间。

六、肉牛的经济杂交与利用

杂交是肉牛生产不可缺少的手段，采取不同品种牛进行品种间杂交，不仅可以相互补充不足，也可以产生较大的杂种优势，进一步提高肉牛生产力。经济杂交是采用不同品种的公母牛进行交配，以生产性能低的母牛或生产性能高的母牛与优良公牛交配来提高子代经济性能。其目的是利用杂种优势。经济杂交可分为二元杂交和多元杂交。

（一）二元杂交

二元杂交是指两个品种间只进行一次杂交，所产生的后代不论公母牛都用于商品生产，也叫简单经济杂交（图 2-1）。在选择杂交组合方面比较简单，只测定一次杂交组合配合力。但是没有利用杂种一代母牛繁殖性能方面的优势，在肉牛生产早期不宜应用，以免由于淘汰大量母牛从而影响肉牛生产，在肉牛养殖头数饱和之后可用此法。

（二）多元杂交

多元杂交是指 3 个或 3 个以上品种间进行的杂交，是复杂的经济杂交（图 2-2）。即用甲品种牛与乙品种牛交配，所生杂种一代公牛用于商品生产，杂种一代母牛再与丙品种公牛交配，所生杂种二代父母用于商品生产，或母牛再与其他品种公牛交配。其优点在于杂种母牛留种，有利于杂种母牛繁殖性能上优势得以发挥，犊牛是杂种，也具杂种优势。其缺点是所需公牛品种较多，需要测试杂交组合多，必须保证公牛与母牛没有血缘关系，才能得到最大优势。

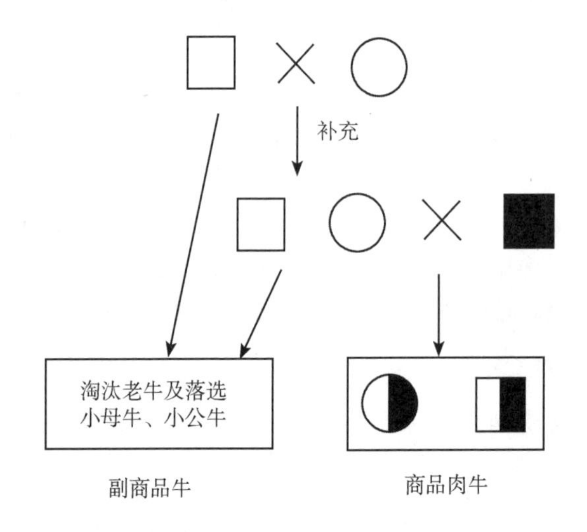

图 2-1　二元杂交体系示意

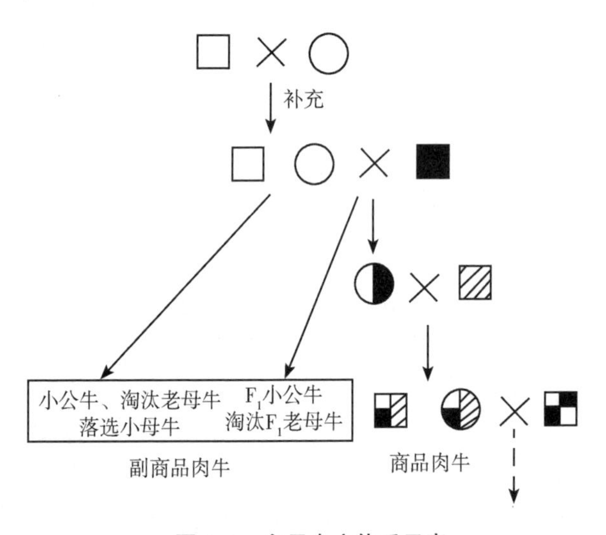

图 2-2　多元杂交体系示意

（三）轮回杂交

轮回杂交是指用两个或更多种进行轮番杂交，杂种母牛继续繁殖，杂种公牛用于商品肉牛生产，分为二元轮回杂交（图 2-3）和多元轮回杂交。

其优点是除第一次外，母牛始终是杂种，有利于繁殖性能的杂种优势发挥，犊牛每一代都有一定的杂种优势，并且杂交的两个或两个以上的母牛群易于随人类的需要动态提高，达到理想时可由该群母牛自繁形成新品种。本法缺点是形成完善的两品种轮回则需要 20 年以上的时间，各种生产性杂交效益比较见表 2-1、表 2-2。目前是肉牛生产中值得提倡的一种方式。

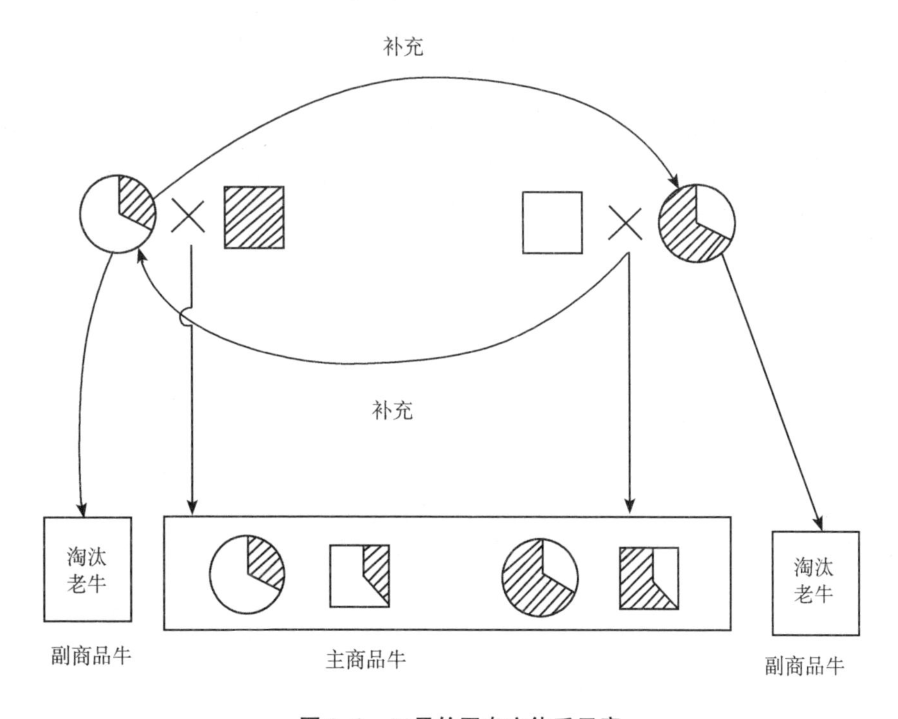

图 2-3 二元轮回杂交体系示意

（四）地方良种黄牛杂交利用注意事项

黄牛改良实践证明，用夏洛莱、西门塔尔、利木赞、海福特、安格斯、皮埃蒙特牛与本地黄牛进行两品种杂交、多元杂交和级进杂交等，其杂种后代的肉用性能都得到显著的改善。改良初期都获得良好效果，后来认为以夏洛莱牛、西门塔尔牛做改良父本牛，并以多元杂交方式进行本地黄牛改良效果更好。如果不断采用一个品种公牛进行级进杂交，3~4 代以后会失掉良种黄牛的优良特性。因此，黄牛改良方案选择和杂交组合的确定，一定要根

表 2-1　各种杂交利用母牛群结构及商品牛

（%）

杂交体系	繁殖成活率	纯种母牛群				两品种杂种母牛		商品牛（商品数/母牛总数）						
								主商品		副商品				
		总数	其中适龄母牛	用于本群纯繁母牛	用于生产杂种一代母牛	总数	其中适龄母牛	两品种杂种	三品种杂种	纯种小牛	纯种老牛	两品种杂种小牛	两品种杂种老牛	三品种杂种老牛
二元	90	100	76. 92	23. 07	53. 85			48. 46		13. 08	7. 69			
	50	100	76. 92	41. 54	35. 28			17. 69		13. 08	7. 69			
三元（二元终端公牛）	90	24. 10	18. 54	5. 56	12. 97	75. 9	58. 39		52. 55	3. 15	1. 85	5. 84	5. 84	
	50	46. 51	35. 78	19. 32	16. 46	53. 49	41. 14		20. 57	6. 08	3. 58	4. 11	4. 11	
二元轮回	90					100	76. 92	61. 54					7. 69	
	50					100	76. 92	30. 77					7. 69	
三元轮回	90					100	76. 92	61. 54					7. 69	
	50					100	76. 92	30. 77					7. 69	

注：1. 母牛平均利用年限为 13 岁；2. 27 月龄产第一胎；3. 纯种母牛选择率按 74%计算，即每生 27 头母犊最后补充牛群 20 头，淘汰 7 头计。

据本地黄牛和引入品种牛的特性以及生产目的确定，以杂交配合力测定为依据确定杂交组合。为此，在地方良种黄牛经济杂交中应注意以下几点。

1. 良种黄牛保种

我国黄牛品种多，分布区域广，对当地自然条件具有良好适应性、抗病力、耐粗饲等优点，其中地方良种牛，如晋南牛、秦川牛、南阳牛、鲁西黄牛、延边牛、渤海黑牛等具有易育肥形成大理石状花纹肉、肉质鲜嫩而鲜美的优点，这些优点已超过这些指标最好的欧洲各种安格斯牛。这些都是良好的基因库，是形成优秀肉牛品种的基础，必须进行保种。这些品种还应进行严格的本品种选育，加快纠正生长较慢的缺点，成为世界级的优良品种。

表 2-2　各种杂交利用体系杂交利用率比较　(%)

母牛繁殖成活率	二元杂交		三元杂交		二元轮回		三元轮回	
	杂交利用率	比较	杂交利用率	比较	杂交利用率	比较	杂交利用率	比较
90	55.73	100	77.02	138.20	78.92	141.61	82.38	147.82
50	20.34	100	34.34	168.83	43.84	215.54	45.77	225.02

注：1. 杂交利用率=商品率×（1+杂交优势）；2. 本表未考虑纯种牛的销售价值。

2. 选择改良父本

父本牛的选择非常重要，其优劣直接影响改良后代肉用生产性能。应选择生长发育快、饲料利用率高、胴体品质好、与本地母牛杂交优势大的品种；应该是适合本地生态条件的品种。

3. 避免近亲

防止近亲交配，避免退化，严格执行改良方案，以免非理想因子增加。

4. 加强改良后代培育

杂交改良牛的杂种优势表现仍取决于遗传基础和环境效应，其培育情况直接影响肉牛生产，应对杂交改良牛进行科学的饲养管理，使其改良的获得性得以充分发挥。

5. 黄牛改良的社会性

由于牛的繁殖能力非常低，世代间隔非常长，所以黄牛改良进展极慢，必须多地区协作几代人努力才能完成。

第二节　肉牛的繁殖技术

一、体成熟与初配适龄

（一）母牛的生殖器官

母牛的生殖器官包括卵巢、输卵管、子宫、阴道和外阴部（图 2-4）。

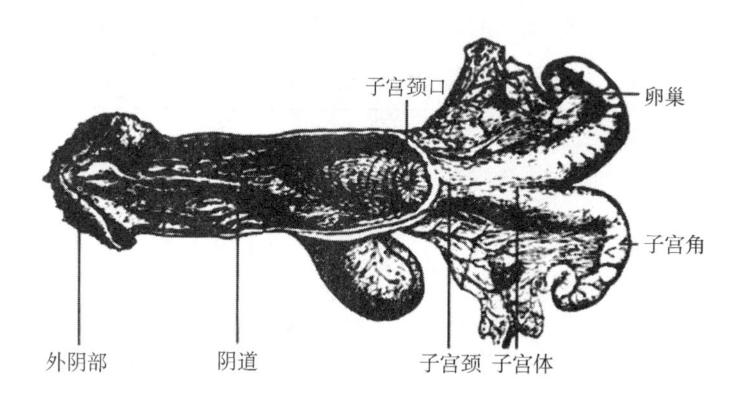

图 2-4　母牛生殖器官示意

（二）母牛的初情期、性成熟与体成熟

1. 初情期

初情期是指母牛初次发情或排卵的年龄。此时虽有发情表现，但生殖器官仍在继续生长发育。此时有配种受胎能力，但身体的发育尚未完成，故还不宜配种，否则会影响到母牛的生长发育、使用年限以及胎儿的生长发育。因品种、饲养条件及气候等条件不同而异。

2. 性成熟

性的成熟是一个过程，当公、母牛发育到一定年龄，生殖机能达到了比较成熟的阶段，就会表现性行为和第二性征，特别是能够产生成熟的生殖细胞，在这期间进行交配，母牛能受胎，即称为性成熟。因此性成熟的主要标志是能够产生成熟的生殖细胞，即母牛开始第一次发情并排卵，公牛开始产生成熟精子。

达到性成熟的年龄，由于牛的种类、品种、性别、气候、营养以及个体间的差异而有不同。如培育品种的性成熟，公牛一般为 9 个月，母牛一般为 8~14 个月；而原始品种的肉牛生后 10~12 个月龄，杂交肉牛 12~15 个月龄。一般公牛的性成熟较母牛晚，饲养在寒冷北方的牛较饲养在温暖南方的牛性成熟晚，营养充足较营养不足的牛性成熟早。个体之间由于先天性疾病的原因，性成熟也可能推迟。

3. 体成熟

肉牛机体具备成年肉牛固有的外形，称体成熟。一般肉牛体成熟是 1.5~2 岁，杂交肉牛为 2.5 岁。但由于肉牛品种、饲养管理、气候条件等不同，大有促进和延迟体成熟的可能。

（三）初配适龄

体成熟就可以参加配种繁殖。公、母牛达到性成熟年龄，虽然生殖器官已发育完全，具备了正常的繁殖能力，但此时身体的生长发育尚未完成，故尚不宜配种，以免影响母牛本身和胎儿的生长发育及以后生产性能的发挥。

公、母牛配种过早，将影响到本身的健康和生长发育，所生犊牛体质弱、出生重小、不易饲养，母牛产后产奶受影响，公牛性机能提前衰退，缩短种用年限。配种过迟则对繁殖不利、饲养费用增加，而且易使母牛过肥，不易受胎；公牛则易引起自淫、阳痿等病症而影响配种效果。因此正确掌握公、母牛的初配适龄，对改善牛群质量、充分发挥其生产性能和提高繁殖率有重要意义。

母牛的初配适龄应根据牛的品种及其具体生长发育情况而定，一般比性成熟晚些，在开始配种时的体重应为其成年体重的 70%左右。年龄已达到，体重还未达到时，则初配适龄应推迟；相反则可适当提前。一般肉牛的初配适龄为：早熟品种，公牛 15~18 月龄，母牛 16~18 月龄；晚熟品种，公牛 18~20 月龄，母牛 18~22 月龄。

（四）使用年限

肉牛的繁殖能力都有一定的年限，年限长短因品种、饲养管理以及牛的健康状况不同而有差异。肉牛的配种使用年限为 9~11 年，公牛为 5~6 年。超过繁殖年限，公、母牛的繁殖能力会降低，便无饲养价值，应及时淘汰。

二、发情与发情周期

（一）发情

母畜发育到一定年龄，便开始出现发情。发情是未孕母畜所表现的一种周期性变化。发情时，卵巢上有卵泡迅速发育，它所产生的雌激素作用于生殖道使之产生一系列变化，为受精提供条件；雌激素还能使母畜产生性欲和性兴奋，以及允许雄性爬跨、交配等外部行为的变化。把这种生理状态称为发情。

母牛一般在6~12月龄初次发情，称为初情期。由于生殖器官和生殖功能仍在生长发育阶段，所以，初情期发情表现持续期短，发情周期还不正常。母牛到8~14月龄、生长发育到有正常生殖能力的时期，称作性成熟期。此时，母牛生殖器官基本发育完全，已具备受孕能力，但由于身体正处于生长发育旺盛阶段，如果此时配种受孕，会影响其生长发育和今后的繁殖能力，还会缩短使用年限，而且会使后代的生活力和生产性能降低，所以，此时不宜配种。

（二）发情周期

肉牛发情有一定的周期，这就是发情周期。发情周期是指发情持续的时间，通常以一次发情的开始至下一次发情的开始所间隔的天数为准，一般为18~24天，平均为21天，处女牛较经产牛发情周期短一些。根据母牛的精神状态和生殖器官生理变化及对公牛的性欲反应情况，可将母牛的发情周期分为四个阶段，即发情前期、发情期、发情后期、休情期。

1. 发情前期

卵巢上功能黄体已经退化，卵泡正在成熟，阴道分泌物逐渐增加，生殖器官开始充血，持续时间为4~7天。

2. 发情期

卵泡已经成熟，继而排卵，发情征候集中出现，母牛表现兴奋，食欲下降，外阴部充血肿胀，子宫颈口松弛开张，阴道有黏液流出，持续13~30小时。

3. 发情后期

已经排卵，黄体正在形成，发情征候开始消退，母牛由性兴奋逐渐转入平静状态，排卵24小时后，大多数母牛从阴道内流出少量血。发情后期的持续时间为5~7天。

4. 休情期

黄体逐渐萎缩，卵泡逐渐发育，性欲完全停止，精神状态恢复正常，持续12~15天。如果已妊娠，周期黄体转为妊娠黄体，直到妊娠结束前不再出现发情。

三、发情鉴定

发情鉴定的目的，是在牛群中及时发现发情母牛，正确掌握配种时间并进行配种，防止误配漏配，提高受胎率。鉴定母牛发情的方法有外部观察法、阴道检查法、试情法和直肠检查法等。

（一）外部观察法

外部观察法是鉴定母牛发情的主要方法，主要根据母牛的外部表现来判断其发情情况。发情母牛表现兴奋不安，哞叫，两眼充血，反应敏感，拉开后腿，频频排尿，在牛舍内常站立不卧，食欲减退，反刍时间减少或停止反刍；外阴部红肿，排出大量透明的牵缕性黏液，发情初期清亮如水，末期混而黏稠，在尾巴等处能看到分泌黏液的结痂物。在运动场或放牧时，发情母牛四处游荡，常常表现出爬跨和接受其他牛爬跨的特点。两者的区别：被爬跨的牛如已发情，则站立不动并举尾迎合，如未发情，则往往拱背逃走；发情牛爬跨其他牛时，阴门搐动并滴尿，具有公牛交配的动作，外阴部红肿，从阴门流出黏液；其他牛常嗅发情牛的阴唇，发情母牛的背腰和尻部有被爬跨所留下的泥土、唾液等，有时被毛弄得蓬松不整。

母牛的发情表现虽有一定的规律性，但由于内外因素的影响，有时表现不大明显或没有规律，因此，在确定输精适期时，必须善于综合判断，进行具体分析。

（二）阴道检查法

这种方法是用开膣器观察阴道的黏膜、分泌物和子宫颈口的变化，以判断母牛发情与否。发情母牛阴道黏膜充血潮红，表面光滑湿润，子宫颈外口充血、松弛、柔软开张，排出大量透明的黏液，呈玻棒状，不易折断。黏液最初稀薄，随着发情时间的推移，逐渐变稠，量也由少变多；到发情后期，黏液量逐渐减少且黏性变差，颜色不透明，有时含淡黄色细胞碎屑或微量血液。不发情的母牛阴道苍白、干燥，子宫颈口紧闭，无黏液流出。

黏液的流动性取决于其酸碱度，碱性越大黏度越强。发情期的阴道黏液比乏情期的碱性强，故黏性大；发情开始时，黏液碱性较低，故黏性最小；发情旺期，黏液碱性增高，故黏性最强，有牵缕性，可以拉长。母牛阴道壁上的黏液比取出的黏液酸，如发情时的黏液，在阴道内测定时，pH 值为 6.57，而取出在试管内测定时，pH 值为 7.45。子宫颈的黏液一般比阴道的黏液稍微酸些。

阴道检查法只能作为辅助诊断，检查时应严格消毒，禁止动作粗暴。

（三）试情法

试情法是根据母牛爬跨的情况来发现发情牛。这是生产上最常用的方法。此法尤其适用于群牧的繁殖母牛群，可以节省人力，提高发情鉴定效率。

试情法有 3 种具体操作方法。

1. 结扎公牛法

将结扎输精管的公牛放入母牛群中，白天放在牛群中试情，夜间将公牛分开，根据公牛追逐爬跨情况以及母牛接受爬跨的程度来判断母牛的发情情况。

2. 试情公牛法

将试情公牛接近母牛，如母牛喜靠近公牛，并做弯腰弓背姿势，表现可能发情。

3. 下腭标记法

用容量 0.54 千克左右的壶状物，固定在笼头上，壶中装满液体油剂染料，壶的中部有一滚动的圆珠装置。试情公牛戴上笼头，圆珠正好位于下颌的下面，当公牛爬跨从母牛腰部滑下时，其下颌便拖下一条色线。壶中的染料 1 周加 1 次即可，比较方便。据试验，使用这种方法，当母牛和试情母牛比例为 30∶1 时，发情鉴定率最高可达 95%。

（四）直肠检查法

直肠检查法是将手伸入母牛直肠内部，用手指隔直肠壁检查子宫的形状、粗细、大小、反应以及卵巢上卵泡的发情情况，以判断母牛是否发情。

直肠检查，发情母牛子宫颈稍大，较软，子宫角体积略增大，子宫收缩反应比较明显，子宫角坚实，卵巢中的卵泡突出、圆而光滑，触摸时略有波动。卵泡直径，发育初期为 1.2~1.5 厘米，发育最大时为 2~2.5 厘米。在排卵前6~12小时，随着卵泡液的增加，卵泡紧张度与卵巢体积均有所增大。到卵泡破裂前，其质地柔软，波动明显。排卵后，原卵泡处有不光滑的小凹陷，以后就形成黄体。

准确掌握发情时间，是提高母牛受胎率的关键。一般正常发情的母牛，其外部表现都比较明显，利用外部观察辅以阴道检查，就可以判断母牛发情情况。但母牛发情持续期较短，如果不注意观察，就容易错过情期而漏配。为提高鉴别率，在生产实践中，可以发动值班员、饲养员和挤奶员等共同观察。同时，要建立母牛发情预报制度，根据前次发情日期，预报下次发情日期（按发情周期计算）。但有些母牛营养不良，常出现安静发情或假发情或生殖器官机能衰退、卵泡发育缓慢、排卵时间延迟或提前等状况，对这些母牛，则需要通过直肠检查来判断其排卵时间。

四、妊娠诊断

在母牛的繁殖管理中，妊娠诊断尤其是早期妊娠诊断，是保胎、减少空怀、增加产奶量和提高繁殖率的重要措施。经妊娠诊断，确认已怀孕的母牛，应加强饲养管理；而对于未孕母牛，则要注意再发情时的配种和对未孕原因进行分析。在妊娠诊断中，还可以发现某些生殖器官的疾病，以便及时治疗；对屡配不孕的母牛，则应及时淘汰。

虽然妊娠诊断方法很多，但目前应用最普遍的还是外部观察法和直肠检查法。

（一）外部观察法

母牛怀孕后，表现为发情停止，食欲和饮水量增加，营养状况改善，毛色润泽，膘情变好，性情变得安静、温顺，行动迟缓，常躲避角斗或追逐，放牧或驱赶运动时，常落在牛群之后。怀孕中后期，腹围增大，腹壁一侧突出，可触到或看到胎动。育成牛在妊娠4~5个月后，乳房发育加快，体积明显增大；妊娠8个月以后，右侧腹壁可见到胎动。经产牛乳房常常在妊娠的最后1~4周才明显肿胀，在妊娠的中后期，外部观察才能发现乳房明显的变化。外部观察法的最大缺点，是不能早期确定母牛是否妊娠，因此，外部观察法只能作为辅助的诊断方法。

（二）直肠检查法

直肠检查法是判断母牛是否妊娠和妊娠时间最常用最可靠的方法，可用于母牛早期妊娠诊断，一般在妊娠 2 个月左右就可以作出准确诊断，准确而快速，在生产实践中普遍应用。直肠检查法的诊断依据，是妊娠后母牛生殖器官的一些变化，在诊断时，对这些变化要随妊娠时期的不同而有所侧重，如：妊娠初期，主要检查子宫角的形态和质地变化；30 天以后以胚泡的大小为主；中后期则以卵巢、子宫的位置变化和子宫动脉特异搏动为主。在具体操作中，探摸子宫颈、子宫角和卵巢的方法与发情鉴定相同。

1. 检查方法

未妊娠母牛的子宫颈、子宫体、子宫角及卵巢均位于骨盆腔；经产牛有时子宫角可垂入骨盆腔入口前缘的腹腔内，会出现两角不对称的现象；未孕母牛两侧子宫角大小相当，形状相似，向内弯曲，如绵羊角。

触摸子宫角时有弹性，有收缩反应，角间沟明显，有时卵巢上有较大的卵泡存在，说明母牛已开始发情。

妊娠 20~25 天，排卵侧的卵巢上有突出于表面的妊娠黄体，卵巢的体积大于另一侧。两侧子宫角无明显变化，触摸时感到壁厚而有弹性，角间沟明显。

妊娠 30 天，两侧子宫角不对称，孕角变粗、松软、有波动感，弯曲度变小，而空角仍维持原有状态。用手轻握孕角，从一端滑向另一端，有胎泡从指间滑过的感觉。若用拇指和食指轻轻捏起子宫角，然后放松，可感到子宫壁内似有一层薄膜滑开，这就是尚未附植的胎膜。技术熟练者，还可以在角间韧带前方摸到直径为 2~3 厘米的豆形羊膜囊。此时，角间沟仍较明显。

妊娠 60 天，孕角明显增粗，相当于空角的 2 倍大小，孕角波动明显。此时，角间沟变平，子宫角开始垂入腹腔，但仍可摸到整个子宫。

妊娠 90 天，子宫颈前移至趾骨前缘，子宫开始沉入腹腔，子宫颈被牵拉至耻骨前缘，孕角大如婴儿头，波动感明显，有时可摸到胎儿，在胎膜上可摸到蚕豆大的胎盘子叶。孕角子宫颈动脉根部开始有微弱的震动。此时角间沟已摸不清楚，空角也明显增粗。

妊娠 120 天，子宫及胎儿全部沉入腹腔，子宫颈已越过耻骨前缘，一般只能触摸到子宫的局部及该处的子叶，如蚕豆大小。子宫动脉的特异搏动明显。此后直至分娩，子宫进一步增大，沉入腹腔，甚至可达胸骨区，子叶逐渐增大如鸡蛋；子宫动脉两侧都变粗，并出现更明显的特异搏动，用手触及胎儿，有时会出现反射性的胎动。

寻找子宫动脉的方法，是将手伸入直肠，手心向上，贴着骨盆顶部向前滑动。在岬部的前方，可以摸到腹主动脉的最后一个分支，即髂内动脉，在左右髂内动脉的根部各分出一支动脉，即为子宫动脉。通过触摸此动脉的粗细及妊娠特异搏动的有无和强弱，就可以判断母牛妊娠的大体时间段。

2. 值得注意的问题

（1）注意技术要领　母牛妊娠2个月之内，子宫体和孕侧子宫角都膨大，胎泡的位置不易掌握，触摸感觉往往不明显，初学者感觉很难判断，必须经过反复实践，才能掌握技术要领。

（2）找准子宫颈　妊娠3个月以上，由于胎儿的生长，子宫体积和重量的增大，使子宫垂入腹腔，触摸时，难以触及子宫的全部，并且容易与腹腔内的其他器官混淆，给判断造成困难。最好的方法是找到子宫颈，根据子宫颈所在的位置以及提拉时的重量，判断是否妊娠并估计妊娠的时间。

（3）注意双胞胎　牛怀双胎时，往往双侧子宫角同时增大，在早期妊娠诊断时要注意这一现象。

（4）注意假发情　注意部分母牛妊娠后的假发情现象。配种后20天左右，部分母牛有发情的外部表现，而子宫角又有孕向变化，对这种母牛应做进一步观察，不应过早作出发情配种的决定。

（5）注意子宫疾病　注意妊娠子宫和子宫疾病的区别。因胎儿发育所引起的子宫增大，有时在形态上与子宫积脓、子宫积液很相似，也会造成子宫下沉现象，但积脓、积水的子宫，提拉时有液体流动的感觉，脓液脱水后是一种面团样的感觉，而且也找不到胎盘子叶，更没有妊娠子宫动脉的特异搏动。

（三）阴道检查法

肉牛怀孕后，阴道黏液的变化较为明显，该方法主要根据阴道黏膜色泽、黏液、子宫颈等来确定母牛是否妊娠。母牛怀孕3周后，阴道黏膜由未孕时的淡粉红色变为苍白色，没有光泽，表面干燥，同时阴道收缩变紧，插入开膣器时有阻力感。怀孕1.5~2个月，子宫颈口附近有黏稠的黏液，量很少，3~4个月后量增多变为浓稠，灰白或灰黄色，形如浆糊。妊娠母牛的子宫颈紧缩关闭，有浆糊状的黏液块堵塞于子宫颈口，这就是子宫颈塞（栓）。子宫颈塞（栓）是在妊娠后形成的，主要起保护胎儿免遭外界病菌侵袭的作用。在分娩或流产前，子宫颈扩张，子宫颈塞溶解，并呈线状流出。所以，阴道检查对即将流产或分娩的牛来说是很有必要的，可以及时发现症状，以便于采取有效的应对措施；而对于检查妊娠，虽然也有一定的参考价值，但却不如直肠检查准确。

(四) 其他诊断方法

1. 超声波诊断法

超声波诊断法，是利用超声波的物理特性和不同组织结构的特性相结合的物理学诊断方法。国内外研制的超声波诊断仪有多种，是简单而有效的检测仪器。目前，国内试制的有两种：一种是用探头通过直肠探测母牛子宫动脉的妊娠脉搏，由信号显示装置发出的不同的声音信号，来判断母牛妊娠与否。另一种，探头自阴道伸入，显示的信号有声音、符号、文字等几种形式。重复测定的结果表明，妊娠30天内探测子宫动脉反应或40天以上探测胚胎心音，都可达到较高的准确率。但有时也会因子宫炎症、发情所引起的类似反应干扰测定结果而出现误诊。

有条件的大型养牛场，可采用较精密的B型超声波诊断仪。其探头放置在右侧乳房上方的腹壁上，探头方向应朝向妊娠子宫角。通过显示屏，可清楚地观察胎泡的位置、大小，并且可以定位照相。通过探头的方向和位置的移动，可见到胎儿各部的轮廓、心脏的位置及跳动情况、单胎或双胎等。在具体操作时，探头接触的部位应先剪毛，并在探头上涂以接触剂（凡士林或石蜡油）。

2. 孕酮水平测定法

根据妊娠后血及奶中孕酮含量明显增高的现象，用放射免疫和酶免疫法，测定孕酮的含量，判断母牛是否妊娠。由于收集奶样比采血方便，目前测定奶中孕酮含量的较多。大量的试验表明，奶中孕酮含量高于5纳克/毫升为妊娠；而低于该值者未妊娠。放射免疫测定虽然精确，但需送专门实验室测定，不易推广。近年来，国内外研制的酶免疫药盒，使这种诊断趋于简单化、实用化。

3. 激素反应法

妊娠后的母体内，占主导地位的激素是孕酮，它可以对抗适量的外源性雌激素，使之不产生反应。因此，依据母牛对外源性雌激素的反应，可作为是否妊娠的判断标准。母牛配种后5~8天，肌内注射促黄体素释放激素A_2 12.5~25微克，35日内无重复发情者判为已妊娠。

五、分娩助产

(一) 分娩的征候

母牛在接近分娩时，生理机能会发生剧烈变化，根据这些变化，可以大致判断分娩时间。在分娩前约半个月，乳房迅速发育膨大，腺体充实，乳头膨胀，临产前 1 周，有的滴出初乳。临产前，阴唇逐渐松弛变软、水肿，皮肤上的皱襞展平；阴道黏膜潮红，子宫颈肿胀、松软，子宫颈栓溶化变成半透明状黏液，排出阴门，呈索状悬垂于阴门处；骨盆韧带柔软、松弛，耻骨缝隙扩大，尾根两侧凹陷，以适于胎儿通过。在行动上，母牛表现为活动困难，起立不安，高声鸣叫，尾高举，回顾腹部，常作排粪排尿姿势，食欲减少或停止。根据以上表现，大致可以判断母牛分娩的时间。

（二）分娩的过程

正常的分娩过程，一般可分为下列 3 个阶段。

1. 开口期

子宫颈扩大，子宫壁纵形肌和环形肌有节律地收缩，并从孕角尖端开始收缩，向子宫颈方向进行驱出运动，使子宫颈完全开放，与阴道的界限消失。随着子宫间歇性收缩（阵缩）力量的加大，收缩持续时间延长，间歇缩短，压迫羊水及部分胎膜，使胎儿的前置部分进入子宫颈。此时，母牛表现为不安，时起时卧，进食和反刍不规则，尾巴抬起，常作排粪姿势，哞叫。这一阶段一般持续 6 小时左右，经产母牛一般短于初产母牛。

2. 胎儿产出期

以完成子宫颈的扩大和胎儿进入子宫颈及阴道为特征。该时期的子宫平滑肌收缩期延长，松弛期缩短，弓背努责，胎囊由阴门露出。一般先露出尿膜囊，破裂后流出黄褐色尿水，然后继续努责和阵缩，包囊犊牛蹄子的羊膜囊部分露出阴门口。胎头和肩胛骨宽度大，娩出最费力，努责和阵缩最强烈，每阵缩一次，都能使胎头排出若干，但阵缩停止，胎儿又有所回缩。经若干次反复后，羊膜破裂，流出白色混浊的羊水，母牛稍作休息后，继续努责和阵缩，将整个胎儿排出体外。这一阶段一般持续 0.5~2 小时。若羊膜破裂后 0.5 小时以上胎儿不能自动产出，应考虑进行人工助产。如产双胎，一般会在第一个胎儿产出 20~120 分钟后，产出第二个胎儿。

3. 胎衣排出期

胎儿排出后，母牛稍作休息，子宫又继续收缩，将胎衣排出。但由于牛属于子叶型胎盘，母子之间联系紧密，收缩时不易脱落，因此，胎衣排出时间较长，为 2~8 小时。如果超过 12 小时胎衣不下，则应进行人工剥离，并在剥离后向子宫内灌注药物。

（三）科学助产

分娩是母畜正常的生理过程，一般情况下不需要助产而任其自然产出。但牛的骨盆构造与其他动物相比，更易发生难产，在胎位不正、胎儿过大、母牛分娩无力等情况下，母牛自动分娩有一定的困难，必须进行必要的助产。助产的目的，是尽可能做到母子安全，同时，还必须力求保持母牛的繁殖能力。如果助产不当，则极易引发一系列产科疾病，影响繁殖力。因此，在操作过程中，必须按助产原则小心处理。

1. 产前准备

（1）药械准备产房要求宽大、平坦、干净、温暖；器械与药品的准备包括催产药、止血药、消毒灭菌药、强心补液药及助产器械、手术器械等。

（2）人员准备助产人员要固定专人，产房内昼夜均应有人值班，助产者要穿工作服、剪指甲，准备好酒精、碘酒、剪刀、镊子、药棉以及产科绳等。

（3）消毒准备发现母牛有分娩征状，助产者用0.1%~0.2%的高锰酸钾温水或1%~2%的煤酚皂溶液，洗涤母牛外阴部或臀部附近，消毒后用毛巾擦干。铺好清洁的垫草，给牛一个安静的环境。助产人员的手、工具和产科器械都要严密消毒，以避免将病菌带入子宫内，造成生殖系统疾病。

2. 科学助产

与其他家畜相比，母牛发生难产的概率很高。因此，助产是必要的措施。尤其对于初产母牛、倒生或产程过长的母牛，进行助产更加重要。这样可以保证胎儿成活，使产程缩短，让母牛产后尽快恢复健康。

助产的过程：当胎膜露出又未及时产出时，就要判断胎儿的方向、位置和姿势是否正常。当胎儿前肢和头部露出阴门而羊膜仍未破裂时，可将羊膜撕破，并将胎儿口腔和鼻腔内的黏液擦净，以利于胎儿呼吸；如果胎位不正，就要把胎儿推回到子宫处并加以校正；如果是倒生，当后肢露出时，应配合努责，及时把胎儿拉出；如果是母牛努责无力，可以用产科绳拴住两前肢的掌部，随着母牛的努责，左右交替用力，护住胎儿的头部，沿着产道的方向拉出；当胎儿头部通过阴门时，要注意保护阴门和会阴部，尤其是阴门和会阴部过分紧张时，应有一人用手护住阴门，防止阴门撑破；当母牛努责无力时，可用手抓住胎儿的两前肢，或用产科绳系住胎儿的两前肢，同时用手握住胎儿下颌，随着母牛的努责适当用力，顺着骨盆产道方向慢慢拉出胎儿。

母牛产出胎儿以后，要喂给足量温暖的盐水麦麸粥，这对于提高腹压、保暖、解饿、恢复体力特别有好处。

胎儿产出以后，要及时用干草或毛巾把口鼻处的黏液擦干净，进行母子分离。

如果脐带已自然断裂，需要立即用5%的碘酒进行消毒；如果脐带没有扯断，可以在距腹部6~8厘米处，用消毒过的剪子剪断，然后用碘酒进行消毒。小牛第一次吃奶必须人工陪同，时刻注意小牛的姿势以及母牛的不稳定情绪。

需要注意的是，分娩过程中发生的问题，只有在努责间歇期才能观察到。若母牛强烈努责，或看到犊牛的蹄尖和鼻子，预计分娩会正常进行，可不予助产。若助产太早，子宫颈开张不足，犊牛在拖出的过程中有可能受伤，甚至由于用力过猛而将犊牛摔在地上，严重影响犊牛的健康。所以，在母牛生产的过程中，要注意细心观察，还要有足够的耐心，不能操之过急。

3. 产后处理

产后3小时内，注意观察母牛产道有无损伤及出血；产后6小时内，注意观察母牛努责情况，若努责强烈，需要检查子宫内是否还有胎儿，并注意子宫脱出征兆；产后12小时内，注意观察胎衣排出情况；产后24小时内，注意观察恶露排出的数量和性状，排出多量暗红色恶露为正常；产后3天，注意观察生产瘫痪症状；产后7天，注意观察恶露排尽程度；产后15天，注意观察子宫分泌物是否正常；产后30天左右，通过直肠检查，判断子宫康复情况；产后40~60天，注意观察产后第1次发情。

第三节　肉牛繁殖新技术

一、人工授精技术

（一）人工授精的优点

牛的配种方法可分为自由交配、人工辅助交配和人工授精3种。目前，很多地方采用冷冻精液人工授精的配种方法。

肉牛人工授精，可以克服母牛生殖道异常不易受孕的困难。使用人工授精，可提供完整的配种记录，有助于分析母牛不孕的原因，帮助提高受胎率。由于精液可以保存，尤其是冷冻精液保存的时间很长，可以将精液运输到很远的地方，因此，公、母牛的配种可以不受地域的限制，尤其是优秀种公牛的精液，如果输送到很远的地方，可以有效地解决种公牛质劣地区的母牛配种问题。

人工授精，可以大幅度提高种公牛的配种效率，特别是在使用冷冻精液的情况下。在自然交配状态下，1 头公牛每年可承担 40~100 头母牛的配种任务，而采用人工授精，1 头公牛每年可配母牛 3 000头以上，甚至可配上万头母牛。人工授精，可以选择最优秀的种公牛用于配种，充分发挥其性能，达到迅速改良牛群的目的，同时相应减少了种公牛的饲养数量，有效节约饲养管理费用。人工授精，可以防止自然交配引起的疾病传播，特别是生殖道传染病的传播，而每次人工授精前都要进行发情鉴定和生殖器官检查，对阴道炎、子宫内膜炎及卵巢囊肿等疾病而言，可以做到及早发现、及时治疗。人工授精时，使用的都是合乎要求的精液，通过发情鉴定正确掌握输精时间，并且会把精液直接输送到子宫颈内，这样能保证较高的受胎率。在自然交配情况下，如果使用体型大的肉牛改良体型小的肉牛时，往往会出现体格相差太大不易交配的困难，使用人工授精，则不会有这样的情况出现。

当然，人工授精必须使用经过后裔鉴定的优良种公牛。假如使用遗传上有缺陷的公牛，造成的危害范围比本交会更大；同时，人工授精要求严格遵守操作规程、严格进行消毒，还必须有技术熟练的操作人员。

（二）人工授精的方法

1. 输精技术

肉牛人工授精技术可分 2 类共 3 种方法：第一类为冷冻精液人工授精技术，第二类为液态精液人工授精技术。其中，液态精液人工授精又分为 2 种方法，第一种是鲜精或低倍稀释精液［1：（2~4）］人工授精技术，一头公牛一年可配母牛 500~1 000只以上，比用公牛本交进步 10~20 倍以上，用这种技术，将采出的精液不稀释或低倍稀释，立刻给母牛输精，适用于母牛季节性发情较显著而且数量较多的地区；第二种是精液高倍稀释［1：（20~50）］人工授精技术，一头公牛一年可配种母牛 10 000只以上，比本交进步 200 倍以上。

2. 输精时间

（1）初次输精　母牛体成熟比性成熟晚，通常育成母牛的初次输精（配种）适龄为 18 月龄，或达到成年母牛体重的 70%（300~400 千克）为宜。

（2）产后输精　通常在产后60天左右开始观察发情表现，经鉴定，若发情正常，即可以配种。但也有产后35~40天第1次发情正常的，遇到类似的情况也可以配种，这样可缩短产犊间隔时间，提高繁殖率。

（3）适时输精　由于母牛正常排卵是在发情结束后12~15小时，所以，输精时间安排在发情中期至末期阶段比较适宜。第1次输精时间应视发情表现而定：上午8:00以前发情的母牛，在当日下午输精；8:00至14:00发情的母牛，在当日晚上输精；14:00以后发情的母牛，在翌日早晨输精。第1次输精后，间隔8~12小时进行第2次输精。

3. 操作步骤

（1）母牛保定和外阴处理　将要进行人工授精的母牛牵入配种架内进行保定，有经验的也可不保定。首先，使用细绳把牛尾巴吊起来，然后，用干净的水把牛外阴部清洗干净，最后，2%来苏尔或0.1%高锰酸钾溶液进行擦拭消毒并擦干。

（2）输精技术　输精的操作技术通常有两种，即阴道开张法和直肠把握法。

阴道开张法需要使用开膣器。将开膣器插入母牛阴道内打开，借助反光镜或手电筒光线，找到子宫颈外口，将输精器吸好精液，插入到子宫颈外口内1~2厘米，注入精液，取出输精器和开膣器。阴道开张法的优点是操作的技术难度不大，缺点则是受胎率不高，目前已很少使用。

目前，生产中主要采用直肠把握法进行子宫颈输精。一手五指并握，呈圆锥形从肛门伸进直肠，动作要轻柔，在直肠内触摸并把握住子宫颈，使子宫颈把握在手掌之中，另一手将输精器从阴道下口斜上方约45°角向里轻轻插入，双手配合，输精器头对准子宫颈口，轻轻旋转插进，过子宫颈口螺旋状皱襞1~2厘米到达输精部位子宫角间沟分岔部的子宫体部（不宜深达子宫角部位），注入精液前略后退约0.5厘米，缓缓向前推输精器推杆，通过细管中棉塞向前注入精液。为确保受胎率，隔天复配1次。

（3）输精深度　试验结果表明，子宫颈深部、子宫体、子宫角等不同部位输精的受胎率没有显著差别，子宫颈深部输精的受胎率是62.4%~66.2%，子宫体输精的受胎率是64.6%~65.7%，子宫角输精的受胎率是62.6%~67%。输精部位并非越深越好，越深越容易引起子宫感染或损伤，所以，采取子宫颈深部输精是安全可靠的方法。

（4）输精数量　输精量一般为1毫升。新鲜精液一次输精含有精子数约1亿以上。冷冻精液输精量，安瓿和颗粒均为1毫升，塑料细管以0.5毫升或 0.25 毫升较多。要求精液中含前进运动精子数1 500万~3 000万个。

4. 正确解冻

准备一杯 37~42℃的温水，用镊子等工具将细管冻精从液氮罐中取出，每次取一根，放入温水中，轻轻摇晃 10 次左右，取出抹干细管冻精管表面水珠，剪去细管精液封口，剪口应正，断面应齐。将剪去封口的细管精液迅速装入输精器管内，具体操作是剪去封口端的为前端，输精器推杆后退，细管装至管内，输精器管进入塑料外套管，管口顶紧外套管中固定圈，输精器管前推到头，外套管后部与输精器后部螺纹处拧紧，全部结合要紧密。

二、同期发情技术

同期发情技术是在人工干预下适当调整母牛的生殖周期，让所有母牛在同一时间内发情排卵，达到统一饲养管理、统一组织生产的目的。

（一）同期发情的优点

1. 有利于人工授精

同期发情，可以使母牛生产的各个环节都能按计划分期分批进行。尤其是集中发情和集中输精，不仅免去了母牛发情鉴定的烦琐工作，同时也减少了因分散输精所造成的人力和物力的浪费。对于鲜活胚胎移植的供体母牛和受体母牛来说，同期发情更是绝对的必要条件，可以说，没有同期发情就无法进行胚胎移植。

2. 便于组织生产

利用肉牛同期发情技术，可以对大群母牛分批进行配种。在人工干预下，控制范围内母牛的妊娠、分娩乃至犊牛的培育，在时间上都会趋于一致，这样不仅便于有计划地组织生产，还能节约劳力和费用，降低生产成本，提高经济效益。对于工厂化养牛来说，同期发情技术意义重大。

3. 提高肉牛繁殖率

同期发情技术，不但适用于周期性的发情母牛，也能使处于乏情状态的母牛出现正常的发情周期。如：采用孕激素进行同期发情处理，可使多数因卵巢静止而乏情的母牛表现出发情症状；而采用前列腺素进行同期发情处理，可溶解母牛黄体，使因存在持久黄体而长期不发情的母牛恢复繁殖力。所以，同期发情能大幅度提高肉牛的繁殖率。

（二）同期发情的机理

从卵巢机能和形态变化方面看，母牛的发情周期可分为卵泡期和黄体期2个阶段。卵巢期是在周期性黄体退化继而血液中孕酮水平显著下降后，卵巢中卵泡迅速生长发育，最后成熟并导致排卵的时期。卵泡期一般是从周期第18天到第21天。卵泡破裂排卵后，原卵泡处发育成黄体，随即进入黄体期。黄体期内，在黄体分泌的孕激素的作用下，其他卵泡的发育受到抑制，母牛不表现发情，在未受精的情况下，黄体维持15~17天，黄体退化后进入另一个卵泡期。黄体期一般从周期第1天到第17天。

相对高的孕激素水平，可以抑制卵泡的发育和母牛的发情。黄体期的结束，就是卵泡期到来的前提条件。因此，同期发情的关键，就是控制黄体寿命并同时终止黄体期。

同期发情技术有2种方法：一种方法是向母牛群同时施用孕激素，抑制卵泡的发育和母牛的发情，经过一定时期后同时停药，即可使牛群在同一时间内发情。使用这种方法的原理，是利用外源孕激素代替内源孕激素（黄体分泌的孕激素），造成了人为黄体期，从而推迟发情期的到来。另一种方法是利用前列腺素F2α，使黄体溶解，中断黄体期，从而提前进入卵泡期，使发情期提前到来。

（三）同期发情的方法

1. 孕激素处理法

如前所述，使用孕激素处理的目的，是人为地造成黄体期，以达到控制发情的目的。处理一定时间后同时停药，即可引起母牛发情。常用的孕激素，主要包括孕酮及其合成类似物，如甲孕酮、炔诺酮、氯地孕酮、18-甲基炔诺酮等。投药方式有皮下埋植法、阴道栓塞法等。

（1）皮下埋植法　将一定量的孕激素制剂，装入管壁有小孔的塑料细管中，利用套管针或者专门的埋植器，将药管埋入母牛耳背皮下，经过一定天数后，在埋植处作切口，将药管挤出，同时，注射孕马血清促性腺激素（PMSG）500~800国际单位。也可将药物装入硅橡胶管中埋植。硅橡胶有微孔，药物可渗出。药物用量依种类而不同，18-甲基炔诺酮15~25毫克。用药期一般16~20天，处理后的牛群4~5天发情。

（2）阴道栓塞法　栓塞物可用泡沫塑料块或硅橡胶环，后者为一螺旋状钢片，表面敷以硅橡胶。它们包含一定量的孕激素制剂。将栓塞物放在子宫颈外口处，其中的激素即可慢慢渗出。处理结束后将其取出即可，或同时注射孕马血清促性腺激素。

孕激素的处理有短期（9~12 天）和长期（16~18 天）2 种。长期处理后，发情同期率较高，但受胎率较低；短期处理后，发情同期率较低，而受胎率接近或相当于正常水平。如在短期处理开始时，肌注 3~5 毫克雌二醇（可使黄体提前消退和抑制新黄体形成）及 50~250 毫克的孕酮（阻止即将发生的排卵），这样就可提高发情同期化的程度。但由于使用了雌二醇，故投药后数日内母牛出现发情表现，但并非真正的发情，故此时不要授精。使用硅橡胶环时，环内附有一胶囊，内装上述量的雌二醇和孕酮，以代替注射。孕激素处理结束后，在第 2~4 天内，大多数母牛有卵泡发育并排卵。

2. 前列腺素（PG）及其类似物处理法

使用前列腺素及其类似物，可以溶解卵巢上的黄体，从而中断周期黄体的发育，使母牛群在同一时间内发情。

前列腺素处理法，只有当母牛在周期第 5~18 天（有功能黄体时期）才能产生发情反应。对于周期第 5 天以前的黄体，前列腺素并无溶解作用。因此，用前列腺素处理后，总有少数母牛没有反应，这些母牛需进行二次处理。有时，为使一群母牛具有最大程度的同期发情率，在第一次处理后，表现发情的母牛不予配种，经 10~12 天后，再对全群牛进行第二次处理，这时，所有的母牛均处于周期第 5~18 天之内。故第二次处理后，母牛同期发情率显著提高。

列腺素的投药方式有肌内注射法、宫腔（宫颈）注入法。子宫灌注时，前列腺素的用量为 0.5~1 毫克，每天 1 次，共 2 天；皮下或肌内注射需加大剂量。用药后，再注射 100 微克促性腺激素释放激素，效果会更好。

三、超数排卵技术

（一）超数排卵的意义

超数排卵简称为“超排”，就是在发情周期的适当时间注射外源促性腺激素，使母牛卵巢上多个卵泡同时发育，并且能同时或准时排出多个具有受精能力的卵子。超排的主要意义在于诱发母牛产双胎，可充分发挥优良母牛的作用，加速牛群改良进度。在一个情期内，肉牛卵巢上一般只有一个卵泡发育成熟并排卵，授精后只产一头犊牛。若进行超排处理，可诱发多个卵泡发育，增加受胎比例，提高繁殖率。同时，胚胎的冷冻保存，可以使胚胎移植跨地域跨时空进行，大大节约购买和运输活牛的费用，还可以从养母处得到免疫能力，更容易适应本地区的生态环境。在胚胎移植技术程序中，超排已成为不可或缺的重要环节。

（二）超数排卵的方法

用于超数排卵的外源激素，大体上可以分为 2 大类：一类能促进卵泡生长发育，另一类能促进排卵。前者主要有孕马血清促性腺激素（PMSG）和促卵泡素（FSH）；后者主要有人绒毛膜促性腺激素（HCG）和促黄体素（LH）。另外，生产上还常常配合使用其他激素，如人前列腺素 F2α（PGF2α）、促性腺激素释放激素（GnRH）、促排卵素（LRH，也叫促黄体素释放激素）等。常用的超排处理方法主要有如下几种。

1. PMSG+PGF2α 法

在性周期第 8～12 天内，1 次肌注 PMSG 2 000～3 000IU（老年牛剂量可大一些），48 小时后肌注 PGF2α 15～25 毫克，或子宫灌注 2～3 毫克，以后的 2～4 天内，多数母牛发情。但 PMSG 不宜与 PGF2α 同时注射，否则会导致排卵率降低。

2. FSH+PGF2α 法

在性周期第 8～12 天内 1 次肌注 FSH，每日 2 次，连注 3～4 天，总剂量 30～40 毫克（第 1 次用量稍多，以后逐日降低），在第 5 次注射的同时，注射 PGF2α 15～25 毫克。在有必要的情况下，可在牛发情后肌注 GnRH（也可用 LRH-A2 或 LRH-A3）200～300 微克。

（三）超数排卵需要注意的问题

1. 巩固处理效果

经超排处理的供体，卵巢上发育的卵泡数要多于自然发情的卵子数，若仅仅依靠内源性促排卵激素，往往不能达到超排的目的。因此，在供体母牛出现发情症状时，需要静脉注射外源性 HCG 或 GnRH、LH 等，以增强排卵效果，减少卵巢上残余的卵泡数。用孕激素作超排预处理，可以提高母牛对促性腺激素的敏感性。

2. 避免反应减退

超排应用的 PMSG、HCG、FSH 及 LH 等均为大分子蛋白质制剂，对母牛作反复多次注射后，体内会产生相应的抗体，卵巢的反应会逐渐减退，超排效果也随之降低。为了保持卵巢对激素的敏感性，可以更换另一种激素进行超排处理，以获得较好效果。

3. 重视后续处理

为了减轻卵巢的负担，给供体母牛作第 2 次处理的间隔时期应为 60~80 天，第 3 次处理时间则需延长到 100 天。在每一次冲取胚胎结束后，应向子宫内灌注 PGF2α，以加速卵巢功能的恢复。

4. 让牛产双胎

牛是单胎动物，一般情况下一次只能生一个牛犊，在自然条件下生双胞胎的概率只有十万分之一左右。牛的繁殖水平很低，这是制约肉牛业发展的重要因素。在科研人员的共同努力下，实验研究出了一些能够让母牛产双胎的繁殖技术，但因为牛个体差别很大，同样的激素剂量可能会出现不同的效果，所以，这些繁殖技术不是十分成熟，不能保证让母牛百分之百产双胎，但在生产上可以试用。常见的有如下几种方法。

（1）促排卵素（LRH）法　LRH3 号或 LRH2 号，在母牛发情输精前或输精后同时肌内注射 20~40 微克，一次即可。

（2）绒毛膜促性腺激素（HCG）法　每头母牛肌注 HCG 2 000~5 000 微克，隔 7 天后再注射2 000~4 000微克，第 11 天再注射2 000微克，出现发情第 2 天上午输精，间隔 8~10 小时后再做第 2 次输精。

（3）孕马血清（PMSG）法　在母牛发情周期第 11 天，肌内注射 PMSG 1 200~1 500 IU，间隔 2 天后（第 13 天）肌注氯前列烯醇 4 毫升。发情后，在第一次输精的同时，肌注与前等量的抗 PMSG，间隔 12 小时后再输精一次。

四、胚胎移植技术

胚胎移植是对经超数排卵处理的供体母牛，用手术或非手术手段，从其输卵管或子宫内取出若干早期胚胎，移植到经过同期发情处理的另外一群受体母牛的相同部位，以达到产生供体牛后代的目的。我国胚胎移植技术起步较晚，最早开始于 1973 年，到 1978 年，牛胚胎移植获得成功。目前，国外鲜胚移植妊娠率可达 60%以上，我国鲜胚移植受胎率可达 50%~60%，冻胚移植受胎率为 40%~45%。

（一）胚胎移植的意义

1. 发挥优秀母牛的繁殖潜力，提高利用率和繁殖效率

就整体水平而言，由一头供体通过超排回收的胚胎，经移植可获得 2~9

头犊牛。而采用传统的自然交配和人工授精技术，一头优秀母牛一生最多只能生产 10 头左右的犊牛。因此，应用胚胎移植技术比自然情况下能增殖若干倍，从而可极大地增加优秀个体的后代数，充分发挥优秀母牛的遗传和繁殖潜力。

2. 有效保存品种资源，建立良种基因库

应用胚胎的冷冻技术，可使优良品种牛或特殊品种牛和野生动物胚胎长期保存，以保护良种资源，需要时可随时解冻移植。胚胎移植与冷冻精液、冷冻卵母细胞一起，共同构成动物优良性状的基因库。许多国家通过建立动物胚胎库的方式保存良种资源，以防止某一地区的优良品种因受各种因素的影响而发生绝种。

3. 减少疾病传播，为种公牛生产提供便利

目前，许多国家和地区疫情发生比较严重，在进行繁殖和直接进口活畜过程中，通过接触等途径有可能传播传染病，从而加大引进活畜的风险。试验结果表明，牛的白血病病毒、口蹄疫病毒等，不会通过胚胎传染给受体牛或新生犊牛。同时，由于胚胎的透明带具有阻止细菌、病毒入侵的作用，只要做好工作，就可防止疾病传播。具体工作是：做好卵母细胞体外受精的质量监控，严防精液受污染，阻止病原微生物进入胚胎生产过程；严格把握供体牛处理、胚胎收集过程的标准化程度，保护胚胎透明带的完整性和保证胚胎洗净，生产“无病原胚胎”；确保生物制品来源可靠、无污染，胚胎移植操作符合卫生标准。

牛胚胎移植技术在肉牛生产上的应用，将极大地提高优良个体的繁育能力，便于产生更多的优良后代，有利于良种牛群体的建立和扩大，有利于选种工作的进行和品种改良规划的实施，极大地加速肉牛的品种改良工作。目前，我国的肉牛生产水平与世界发达国家的差距还很大，单纯依靠购买国外肉牛来改良牛群，不但手续烦琐而且价格昂贵，增大了牛肉业生产成本和肉牛投资风险；进口优良冻精则在肉牛改良方面要花费更多的时间。引进具有优良遗传性能的胚胎则是风险小、投资少、见效快的良种引进捷径，在当前大力发展养牛业的大好形势下，应尽快将胚胎移植这一高新技术成果产业化，促进我国养牛业的进一步发展。

（二）胚胎移植的方法

1. 选择供体牛

具备遗传优势和育种价值，即产肉量高、肉质好的母牛，祖代中或本身

产过双胎的个体较好；具有良好的繁殖力，既往繁殖史好，易配易孕，分娩顺利，无难产或胎衣不下现象；发情周期正常，发情征状明显；年龄（胎次）以4~7岁（2~5胎）的经产牛为宜；营养良好，体质健康，生殖器官正常，无繁殖疾病；卵巢活性正常，卵巢质地有弹性，黄体功能好。分娩70天后方可进行超排处理。超排前，供体牛血清孕酮含量3纳克/毫升或以上，总胆固醇含量140纳克/100毫升或以上，可作为选择供体牛的参考指标。

据统计，按上述标准严格选择供体牛，可获得超排率80%以上。

2. 选择受体牛

通过观察发情，确定性周期正常、直肠检查无生殖疾患的健康母牛预留作受体。膘情较差者，提前补饲以增强机体机能，肥胖者，要考虑减料使之掉膘达到繁殖最佳状况。

具体主要包括以下要点：良好的健康状况，不能有任何影响繁殖性能的疾病，尤其是生殖器官要正常，输卵管、子宫无炎症；由于黄牛体格小，后躯狭窄，多为斜尻或尖尻，让其“借腹怀胎”易造成难产，所以，一般不选黄牛作受体；要求受体牛和供体牛在发情时间上要同期，或移植的胚胎日龄与受体发情期时间同步，供、受体母牛发情同步差在±24小时内；为保证母牛的正常体况，促使其尽早发情，哺乳牛应及早断奶；年龄（胎次）以3~5岁（1~3胎）的母牛为宜。

在进行胚胎移植的实验研究阶段，对受体的选择较为严格，相应受胎率也较高。据统计，严格选择受体牛，胚胎移植受胎率可达55%以上。

3. 胚胎移植的操作过程

（1）采集胚胎　供体牛超排发情后的第7天，用2路或3路式采卵管进行非手术采卵。采卵管插入深度符合技术要求，即气囊要在小弯附近，离子宫角底部约10厘米。气囊的打气量为18~20毫升。冲卵液总量为1 000毫升，每侧子宫角各500毫升，先冲超排效果较好的一侧子宫角，后冲另一侧子宫角。冲卵时，进液速度要慢，出液速度应快，先少量进液，再逐渐加大进液量，每次进液量范围在30~50毫升，防止冲卵液丢失。

为保证供体牛安静、便于操作，采卵前需注射静松灵1~1.5毫升。为防止污染，采卵管的前部不要用手触摸或碰触阴门外部。采卵后，供体牛应肌注氯前列烯醇（PG）0.4~0.6毫克，子宫灌注抗生素。

（2）胚胎检查　处理集卵杯。把集卵杯内的回收液在室温18~22℃下静置20~30分钟，然后将上清液通过集卵漏斗慢慢清除，最后集卵杯内剩下 30~50 毫升回收液，摇动集卵杯将其倒入直径 100 毫米培养皿内。用 PBS 缓冲液［主要成分为磷酸二氢钾、磷酸氢二钠、氯化钠、氯化钾、吐温-20（吐温-20 是一种表面活性剂，化学名称为聚氧乙烯失水山梨醇月桂酸酯，具有乳化、扩散、增溶、稳定等作用）］冲洗集卵杯壁 2~3 次，清洗液倒入集卵漏斗。另一侧子宫角回收液做同样处理。集卵漏斗最后保留的 20 毫升左右液体，倒入另一直径 100 毫米培养皿中。

观察胚胎。在显微镜下观察细胞是否紧密完整，有无游离细胞；胚胎的透明度是否正常，如变暗，说明细胞可能变性；细胞大小是否一致。

胚胎分级标准。将胚胎分成 A、B、C、D 4 个等级，其中 A、B、C 级胚胎为可用胚胎，D 级胚胎为不可用胚胎。

（3）移植胚胎　移植胚胎一般在发情后第 6~8 天进行。移植前需要麻醉，常用 2%普鲁卡因或利多卡因 5 毫升，在荐椎与第一尾椎结合处或第一二尾椎结合处施行麻醉。将装有胚胎的吸管装入移植枪内，用直肠把握法，通过子宫颈将移植枪插入子宫角深部，注入胚胎。

4. 胚胎移植的影响因素

（1）操作手法的影响　移植手法稳、轻、快，可使子宫颈受刺激尽可能减少，同时防止子宫平滑肌产生不利的逆蠕动，进而影响体内生殖激素的变化引起不适宜怀孕的反应。手法的轻柔还可使子宫颈、子宫避免受损伤，损伤内膜后，上皮细胞脱落，甚至有出血现象发生。如果上皮细胞、红细胞、白细胞等进入子宫腔，可反射性地引起子宫自净功能活动增强，胚胎会同组织碎片、各种细胞等一起被排出；血液是有活性的，进入子宫腔内的血液对胚胎也有毒害作用，所以，子宫出血会使受胚率大大降低。胚胎移植除需熟练进行胚胎室内操作的专业人员外，更不可缺少掌握过硬本领的人工授精技术人员。

（2）季节的影响　因解冻后的胚胎一般要在现场进行移植，所以，胚胎移植结果受到季节因素的影响。在我国北方地区，10 月末到翌年 4 月末气温较低，15℃以下的温度将对胚胎造成低温打击。而在 7—8 月，气温较高，母牛的代谢等发生变化，胚胎移植的死亡率相应增加。所以，我国北方地区最适胚胎移植季节为 5—6 月和 9—10 月。

（3）时间的影响　胚胎采集和移植的期限（胚胎的日龄）不能超过周期黄体的寿命，最快要在周期黄体退化之前数日进行移植。通常在供体发情配种后 3~8 天收集胚胎，受体同时接受移植。

五、性别控制技术

肉牛性别控制技术是指对母牛通过人为干预的方式，使其繁殖产出人们所希望性别后代的一种繁殖技术。从目前的技术手段来看，性控方法主要以性控精液来实现性别控制。

（一）原理

将种公牛精液中的精子通过物理分离法、免疫学分离法或流动细胞检索分离法，使X染色体和Y染色体进行有效分离，含X染色体的精子分装冷冻后进行人工授精，母牛怀孕后可产母牛犊，相反含有Y染色体的精子分装冷冻后进行人工授精，母牛怀孕后可产公牛犊。

无论哪种分离方法，需要满足以下条件，才能认定分离成功：分离后含有X染色体的精子或含有Y染色体的精子量要大，能重复得到相似结果；分离后的精子能与卵母细胞正常受精；分离后的精子生产的胚胎或受孕后所生产犊牛性别满足期望的要求。

（二）操作方法

原精的准备与处理

（1）原精　采集的精液活力不低于80%的优良种公牛作为原精来源，原精测定其密度和活力后，添加适量抗生素，置入18~20℃保温容器内，送到实验室，并在18~20℃条件下保存。每份原精从采集后开始，可供8~12小时分离处理使用。

（2）染色处理　取原精在34℃条件下水浴Hoechst33342染色45分钟。在染色过程中每隔10~15分钟轻轻摇匀精液（或上下颠倒2或3次），保证精子充分染色。50微米滤器过滤，分装在两个4毫升的上机管中，开始上机分离（上机的精子浓度为1亿个/毫升）。每份染色后的精子样品使用时间不超过1小时。

（3）精子分离操作

①开机和调整。首先打开真空泵、空气压缩机、自来水开关、热交换机，然后打开主机的电子柜、计算机软件、激光，分离机进入工作状态。清理移液器吸头，调整水柱后（3条清晰水流，调整中间水流进入废液管）用精子细胞核测试分离图形，根据分离准确率要求测试样滴延迟。

②上样和分离。按照要求把机器的分离技术参数调至需要状态，然后把

染色后的精子样品装入分离样品台，开始分离工作状态。根据不同要求，可以收集单性的 X 或 Y 精子，也可以同时收集两种精子。控制分离时间不超过 2 小时。记录分离时间、状态等信息。

③清洗和关机。原则上精子分离机每运行 24 小时要求进行管道的清洗灭菌，以保证产品质量。清洗内容包括 sheath 管道，清洗液使用顺序是清水-热水-乙醇-超纯水。另外，对于整个分离机管道，定期用专用清洗液灭菌清洗，并根据使用状态每年更换一次。除分离机管道之外，每周在停机时需要清理喷嘴内部，分离舱室、电极板、废液缸及清理操作台。分离结束后关闭激光器、电脑，待内循环水冷却后，关闭热交换机和自来水（气冷式激光管无此操作）。之后按顺序关闭分离机样品站、压力开关，外接真空泵、空气压缩机和空调。

（4）精子分离平衡和冷冻保存

①分离精子平衡。按照计数比例稀释精液，将稀释后的精液在显微镜下计数，并计算 6 次的浓度平均值。性控精子数量标准是 200 万～220 万个/0.25 毫升，终浓度要求为1 000万个/毫升。

根据中间精子浓度计算出精液的最终稀释体积。

$$中间精子浓度=平均精子数\times稀释倍数\times10\,000$$

$$最终稀释体积=中间精子浓度\times中间总体积/1\,000$$

②冷冻保存。每分离 4～6 小时集中冷冻保存 1 次。以 180 升液氮罐为冷冻保存处理容器，该液氮罐具有内部温度测定装置，可以准确地显示冷冻处理时样品的温度及其变化情况。

③精液灌装。装管前，显微镜下目测精子的活力不低于 60%。使用细管灌封机分装精液时，细管灌封机必须放置在 0～5℃的低温操作室中。

④冷冻处理。将液氮罐内的气层调整到-90℃，平稳地把冷冻齿板移入冻精支架上（液氮面与冻精管的距离为 7 厘米），盖上液氮罐盖，开始冷冻降温计时。当液氮罐内的气层温度降至-120℃时（保持 20 分钟以上），回收冻精细管将其直接投入液氮当中。

（三）授精

性控冻精人工授精与常规冻精人工授精方法基本一致。但要注意以下几点。

1. 参配牛必须健康

要求无生殖系统疾病及其他疾病，营养均衡，体况适中，以青年牛

（一产、二产）为主。

2. 输精时间准确

做好母牛发情鉴定，通常发情后 10～12 小时可进行配种，可比常规冻精输精时间晚 3～4 小时。最好通过直肠检查法判断卵泡的发育程度，卵泡膜变薄、表面光滑，卵泡波动明显时可进行配种。可进行两次输精，在第 1 次输精后，间隔 6～10 小时进行第 2 次输精。

3. 解冻

冻精从液氮罐取出后，在空气中停留 3～5 秒，然后放入 38～40℃温水中 12～15 秒。

4. 按程序操作

清理宿粪，清洁外阴，操作者将清洁消毒后的手缓慢伸入直肠找到子宫颈，另一只手持输精管插入阴道，呈前高后低姿势，防止错插入尿道，之后转入水平前进，插到宫颈口，然后慢慢通过子宫颈，进入子宫体。

5. 输精位置确切

一般输精位置在成熟卵泡发育侧子宫角基部前 2～3 厘米至大弯处或子宫体输精。

（四）注意事项

1. 要做好性控冻精的保存

性控冻精通常使用液氮进行保存，要使用液氮罐进行保存，保存过程中要及时补充液氮，不要撞击和倾斜液氮罐。如果将冻精转移到其他容器中，动作一定要快。

2. 要做好输精准备工作

做好发情母牛的保定和外阴、输精器具的清洗、消毒。

3. 要做好人员准备

输精人员要穿戴好防护装备，修剪指甲，手臂消毒，戴长臂手套，手臂涂抹润滑剂等。

4. 输精后发现炎症及时治疗

如果配种后发现有炎性分泌物，可以在输精后 1～6 小时宫注抗生素，以提高受胎率。

5. 结合促排卵保胎激素药物

对于排卵延迟的牛可结合使用肌内注射促排 3 号、绒毛膜促性腺激素或促黄体生成素等。促进卵泡成熟排卵，缩短输精后精卵结合时间。

6. 药物辅助

配种时结合应用维生素 A、维生素 D、维生素 E，亚硒酸钠维生素 E 等药物可提高受胎率。

六、母牛提前（20~24 月龄）产犊技术

（一）技术概述

青年母牛体重达到成熟体重的 50%~60%时，青年母牛就能出现发情表现并具有受孕能力。通过对 4~5 月龄断乳母牛犊进行饲料调理 5~8 个月后，使其提前进入初情期，经 1~2 个情期后进行配种，从而使后备母牛实现提前妊娠、产犊。

（二）增产增效情况

缩短后备母牛的饲养期，提高生产效益。与传统技术相比，能使母牛产第一胎的时间提前 12~24 个月，增加能繁母牛的利用年限（1~2 年，多生 1~2 胎），充分发挥母牛的繁殖潜力、缩短世代间隔，加快生产或育种进程。

（三）技术要点

1. 断乳母犊的培育

对 3~5 月龄的母牛犊（体重不低于 110 千克）适时断乳；断乳母牛犊有充足粗饲料的同时，补充营养平衡的精料，使日增重保持在 0.8~1.5 千克；认真做好断乳母牛犊的疫苗免疫和体内外寄生虫的防治。

2. 发情和配种

经培育，青年母牛在 8~10 月龄即达初情期，做好发情观察和记录，在第 2 次发情时进行人工授精或用本交配种。对发情表现不明显或不发情的牛，采用外源生殖激素诱导发情，适时配种。

3. 配种、妊娠母牛的饲养管理

配种后 1 个月内，保持母牛处在安静清洁的环境中，尽量减少应激，利于胚胎着床。对妊娠母牛给予均衡的营养供应，日增重控制在 0.5~1 千克。日常保证母牛有足够的运动场所。分娩前两周将母牛转入产房，做好接产准备。

4. 难产的处理及新生犊牛的护理

进入预产期，对有分娩征兆的母牛加大观察次数，以便在第一时间内发现难产，及时助产。母牛产后应提供易消化的青绿饲草和均衡营养的饲料，以保证其产后恢复和泌乳。

正常分娩的新生牛犊，通常无需特别护理。对于助产的新生牛犊，在第一时间内清除口鼻内的黏液，使其出现正常呼吸并及时让牛犊吃到初乳。对个别不习惯牛犊吮乳动作（母牛表现出躲闪或踢）的初产牛，进行保定调教。对于病、弱牛犊进行人工哺乳，并积极治疗。

牛犊出生后7~10天内增加巡视次数（每天不少于两次），重点注意产后母牛是否健康和牛犊是否正常吃乳等。牛犊在出生两周后，即使在母乳充足的情况下也有采食和饮水的行为，做好牛舍和运动场的清洁和消毒工作，保证充足、新鲜、清洁卫生的饮水，冬季饮温水，供给优质易消化的精粗饲料让其采食。发现疾病时应及时诊治。

（四）注意事项

做好牛病的防治工作，做好母牛的发情观察和配种记录，做好母牛的难产及新生牛犊的护理。

（五）适宜区域

适用于有母牛饲养的养殖场（户），牛日增重情况视品种差异需作调整。

七、牛活体采卵-体外胚胎生产技术

牛活体采卵（OPU）-体外胚胎生产（IVP）技术发展日渐成熟和完善。如今，OPU技术结合IVP技术已经成为优质肉牛快速扩繁的最主要技术手段，良种肉牛的繁殖效率得到极大提高。

（一）肉牛活体采卵技术

1. 供体牛的选择

供体牛一般选择3~6岁，体重超过500千克，性情温顺，有正常的发情周期，健康无繁殖疾病，未孕母牛，卵巢直径大于1.5厘米，膘情适中，体况评分标准为3~4。

2. 采卵方法

供体牛保定后尾椎硬膜麻醉，镇静，清除直肠宿便，使用碘伏消毒外阴部且用70%酒精脱碘，然后直肠把握法确认卵巢的位置和状态。采卵是通过借助超声波扫描仪定位，确定采集卵泡的位置和大小，利用18G一次性采卵针刺入2~6毫米卵泡，同时用脚开启真空器（泵）开关，将卵泡液抽吸到恒温保存的50毫升离心管中，抽吸完成后显示屏中卵泡的黑色圆斑画面消失，确认完全后冲洗与采卵针相连的导管确保卵子进入50毫升离心管。采卵过程中容易抽吸到血液，凝集后造成堵塞导管，使卵子丢失，因此采卵液中加入一定量的肝素，防止血液凝集。

3. 影响活体采卵因素

OPU的生产效率主要受到采卵的技术因素和供体牛的生理因素影响。技术因素主要包括采卵设备和采卵技师的操作熟练程度，生理因素包括供体牛的年龄、身体状态、发情周期、采卵频率、激素、优势卵泡等。技术性的影响因素可以通过购置先进的设备以及雇佣熟练的采卵技师来消除，而牛生理因素的影响则需要通过更多的科学研究来规避。

（二）肉牛体外胚胎生产技术（IVP）

1. 肉牛卵母细胞体外成熟（IVM）

采卵结束立即把收集的卵泡液递送到实验室，并进行检卵及体外培养操作。将OPU采卵液倒入集卵漏斗中，用洗卵液洗涤3~5次（少量多次）直至颜色清晰，将集卵漏斗剩余液体倒入90毫米平皿，冲洗漏斗2~3次，在体式显微镜下筛选符合条件的卵母细胞。

根据卵丘细胞层的数量和细胞质外观进行形态分类，选择回收良好的卵母细胞。卵母细胞外形颜色较好，胞质分布均匀，细胞外围紧密围绕1~3层卵丘细胞的卵母细胞进行体外成熟培养；形态较好的裸卵也进行成熟培养但不计入试验数据；质量较差的卵母细胞计入采卵总数后丢弃不再培养。用常规成熟液在35毫米平皿中做7个100微升的培养滴，然后3毫升矿物油覆盖隔绝空气。将培养盘提前放入38.5℃、5%二氧化碳饱和湿度培养箱平衡2~4小时。然后将洗好的卵母细胞转入培养滴中，在38.5℃、5%二氧化碳的饱和湿度培养箱培养22~24小时。

卵母细胞IVM是IVP的第一步，卵母细胞成熟的质量直接决定着后续IVP的成败。任何细胞的生长都离不开充足的营养物质、适宜的温度和合理的气相环境。牛卵母细胞IVM需要非常全面的营养供给，目前最常用的培养基是

TCM199 培养基。此外，培养基中需要添加比例均衡的营养因子，比如胎牛血清、卵泡刺激素、黄体生成素、雌二醇和表皮细胞生长因子等，否则卵母细胞的成熟和发育将会受到影响。温度和二氧化碳浓度对卵母细胞的成熟也非常重要，温度和二氧化碳含量过高或者过低都会抑制卵母细胞成熟，通常牛卵母细胞成熟的环境中，温度应该控制在 38~39℃，二氧化碳含量控制在 5%。

2. 体外受精技术（IVF）

取一根冷冻精液在 38℃的水浴锅中解冻，在 15 毫升离心管中加 7 毫升洗精液和解冻后精液，1 500转/分钟离心 2 次，每次 8 分钟。第 1 次离心完吸出上清液（切勿吸到沉淀），然后再加入洗精液至 7 毫升，两次离心后轻轻吸出全部上清液，加入适量的受精液，调整精子浓度为 100 万/毫升，放入二氧化碳培养箱获能 2~4 小时。卵母细胞受精前用透明质酸酶消化处理，并吹打卵母细胞脱去卵丘细胞，最后将卵母细胞放入获能的受精滴中在二氧化碳培养箱培养 8~16 小时。

IVF 是紧随 IVM 的另一个关键步骤，完全成熟的卵母细胞才能有较高的受精率，因此上述影响卵母细胞成熟的因素都会对受精效率产生影响。精子的质量和浓度也是决定受精质量的关键因素。在开展商业化的 OPU/IVP 技术时，通常先将公牛精液在卵母细胞上进行受精测试，以确定精液的最佳受精浓度。此外，精液的处理方式、受精环境以及外源因子也会对受精效率产生影响。

3. 胚胎体外培养技术（IVC）

体外受精结束后，反复吹打受精卵脱去周围精子和杂质，将受精卵移入提前平衡 2~4 小时的成熟液的前期培养液中，置于二氧化碳培养箱培养 2 天后，将受精卵移入成熟液的后期培养液中置于二氧化碳培养箱培养，之后每 2 天进行半量换液直至第 7 天形成囊胚。

IVC 是整个 IVP 过程中的最后一步，也是整个 IVP 阶段最复杂的一步。影响体外胚胎发育的因素有很多，目前关于影响胚胎 IVC 的因素也还有很多未解之谜。受精卵自身的质量是影响体外胚胎发育的直接因素，研究发现有卵丘细胞的卵母细胞受精后的囊胚率要远比裸卵受精后的囊胚率高，而且卵丘细胞越完整囊胚率越高。另外，培养体系也是影响体外胚胎发育质量的关键因素之一。IVC 体系在过去几年中已经有了显著的改进，市场上已有多种商业化的培养基。除此之外，其他环境因素如培养的环境温度、气相（氧气和二氧化碳浓度）都会对体外胚胎的发育有影响。研究发现，在 38.5~39℃，氮气含量控制在 90%，二氧化碳和氧气浓度 5%的培养环境下更有利于牛胚胎的发育。

第三章　肉牛饲料的加工调制

第一节　肉牛的常用饲料

一、青绿饲料

肉牛常用的青绿饲料包括天然野青草、人工栽培牧草、青刈作物、可利用的新鲜树叶等。这类饲料蛋白质含量丰富，一般可达8%，同时是多种维生素的主要来源，每千克青草中含有50~80毫克胡萝卜素，B族维生素及维生素C、维生素E、维生素K等，钙、钾等碱性元素含量也丰富。同时，青饲料也是肉牛摄入水分的主要途径。青饲料适口性好，消化利用率高，能刺激牛的采食量。

青草是肉牛最好的饲草。天然牧草的产草量受到土壤、水分、气候等条件的影响。有条件的养殖场，可以种植优质牧草或饲料作物，以供给肉牛充足的新鲜饲草；也可以晒制青干草或制成青贮饲料，在冬春季节饲喂肉牛。

（一）豆科牧草

豆科牧草富含蛋白质，人工栽培相对较多，其中紫花苜蓿、沙打旺、红豆草等适合中原地区栽培，尤其紫花苜蓿，栽培面积广，营养价值高。豆科草有根瘤，根瘤菌有固氮作用，是改良土壤肥力的前茬作物。

1. 紫花苜蓿

注意选择适于当地的品种。播种前要翻耕土地、耙地、平整、灌足底水，等到地表水分合适时进行耕种，施足底肥，有机肥以3 000~4 000千克/亩（1亩≈667米^2）为宜。一般在9月至10月上中旬播种，北部早，南部稍晚。播种量为0.75~1千克/亩，面积小可撒播或条播，行距为30厘米。每亩用3~4千克颗粒氮肥作种肥。播种深度以1.5~2厘米为好，土壤较干旱而疏松时播深可至2.5~3厘米。也可与生命力强、适口性好的禾本科草混播。因苜蓿种子“硬实”比例较大，播种前要作前处理。

科学的田间管理可保证较高的产草量和较长的利用期。紫花苜蓿苗期生长缓慢，杂草丛生影响苜蓿生长，应加强中耕锄草、使用除草剂、收割等措施。缺磷时苜蓿产量低，应在播前整地时施足磷肥，以后每年在收割头茬草后再适量追施 1 次磷肥。

紫花苜蓿的收割时期根据目的来定，调制青干草或青贮饲料时在初花期收获，青饲时从现蕾期开始利用至盛花期结束。收割次数因地制宜，中原地区可收 4~6 次，北方地区可收割 2~3 次，留茬高度一般 4~5 厘米，最后一茬可稍高，以利越冬。

苜蓿既可青饲，也可制成干草、青贮饲料饲喂。不同刈割时期的紫花苜蓿干草喂肉牛的效果不同。现蕾至盛花期刈割的苜蓿干草对肥育牛的增重效果差异不大，成熟后刈割的干草饲料报酬显著降低（表 3-1）。

表 3-1　不同生长期苜蓿干草对肉牛增重的影响　（千克）

生长期	每增重 50 千克需干草量	每亩干草产量	每亩获得牛体增重量
现蕾期	814.0	680.5	41.8
1/10 开花期	1 043.0	886.3	41.5
盛花期	1 081.5	945.3	43.4
成熟期	1 955.0	955.3	24.5

2. 沙打旺

也叫直立黄芪，抗逆性强、适应性广、耐旱、耐寒、耐瘠薄、耐盐碱、抗风沙，是黄土高原的当家草种。播种前应精细整地和进行地面处理，清除杂草，保证土墒，施足底肥，平整地面，使表土上松下实，确保全苗壮苗。撒播播种量每亩 2.5 千克。沙打旺一年四季均可播种，一般选在秋季播种好。

沙打旺在幼苗期生长缓慢，易被杂草抑制，要注意中耕除草。雨涝积水应及时开沟排出。有条件时，早春或刈割后灌溉施肥能增加产量。

沙打旺再生性差，1 年可收割两茬，一般用作青饲料或制作干草，不宜放牧。最好在现蕾期或株高达 70~80 厘米时进行刈割。若在花期收获，茎已粗老，影响草的质量，留茬高度为 5~10 厘米。当年亩产青草 300~1 000 千克，两年后可达3 000~5 000千克，管理不当 3 年后衰退。沙打旺有苦味，适口性不如苜蓿，不可长期单独饲喂，应与其他饲草搭配。沙打旺与玉米或其他禾本科作物和牧草青贮，可改善适口性。

3. 红豆草

最适于石灰性壤土，在干旱瘠薄的砂砾土及沙性土壤上也能生长。耐寒性不及苜蓿。不宜连作，须隔5~6年再种。清除杂草，深耕施足底肥，尤其是磷、钾肥和优质有机肥。单播行距30~60厘米，播深3~4厘米。生产干草单播行距20~25厘米，以开花至结荚期刈割最好。混播时可与无芒雀麦、苇状羊茅等混种。年可刈割2~4次，均以第一次产量最高，占全年总产量的50%。一般红豆草齐地刈割不影响分枝，而留茬5~6厘米更利于红豆草再生。红豆草的饲用价值可与紫花苜蓿媲美，苜蓿称为“牧草之王”，红豆草为“牧草皇后”。青饲红豆草适口性极好，效果与苜蓿相近，肉牛特别喜欢吃。开花后品质变粗变老，营养价值降低，纤维增多，饲喂效果差。

豆科还有许多优质牧草，如小冠花、百脉根、三叶草等。

（二）禾本科牧草

1. 无芒雀麦

适于寒冷干燥气候地区种植。大部分地区宜在早秋播种。无芒雀麦竞争力强，易形成草层块，多采取单播。条播行距20~40厘米，播种量1.5~2千克/亩，播深3~4厘米，播后镇压。栽培条件良好，鲜草产量可达3 000千克/亩以上，每次种植可利用10年。每年可刈割2~3次，以开花初期刈割为宜，过迟会影响草质和再生。无芒雀麦叶多茎少，营养价值很高，幼嫩无芒雀麦干物质中所含蛋白质不亚于豆科牧草。可青饲、青贮或调制干草。

2. 苇状羊茅

耐旱耐湿耐热，对土壤的适应性强，是肥沃和贫瘠土壤、酸性和碱性土壤都可种植的多年生牧草。苇状羊茅为高产型牧草，要注意深耕和施足底肥。一般春、夏、秋播均可，通常以秋播为多，播量为0.75~1.25千克/亩，条播行距30厘米，播深2~3厘米，播后镇压。在幼苗期要注意中耕除草，每次刈割后也应中耕除草。青饲在拔节后至抽穗期刈割；青贮和调制干草则在孕穗至开花期。每隔30~40天刈割1次，每年刈割3~4次。每亩可产鲜草2 500~4 500千克。苇状羊茅鲜草青绿多汁，可整草或切短喂牛，与豆科牧草混合饲喂效果更好。苇状羊茅青贮和干草都是牛越冬的好饲草。

3. 象草

象草又名紫狼尾草，为多年生草本植物。栽培时要选择土层深厚、排水良好的土壤，结合耕翻，每亩施厩肥1 500~2 000千克作基肥。春季2—3月间，选择粗壮茎秆作种用，每3~4节切成一段，每畦栽两行，株距50~60厘米。种茎平放或芽朝上斜插，覆土6~10厘米。每亩用种茎100~200千克，栽植后灌水，10~15天即可出苗。生长期注意中耕锄草，适时灌溉和追肥。株高100~120厘米即可刈割，留茬高10厘米。生长旺季，25~30天刈割1次，年可刈割4~6次，亩产鲜草1万~1.5万千克。象草茎叶干物质中含粗蛋白质10.6%，粗脂肪2%，粗纤维33.1%，无氮浸出物44.7%，粗灰分9.6%。适期收割的象草，鲜嫩多汁，适口性好，肉牛喜欢吃。适宜青饲、青贮或调制干草。

禾本科牧草还有黑麦草、羊草、披碱草、鸭茅等优质牧草，均是肉牛优良的饲草。

（三）青饲作物

利用农田栽培农作物或饲料作物，在其结实前或结实期收割作为青饲料饲用，是解决青饲料供应的一个重要途径。常见的有青割玉米、青割燕麦、青割大麦、大豆苗、蚕豆苗等。一般青割作物用于直接饲喂或青贮。青割作物柔嫩多汁，适口性好，营养价值比收获籽实后的秸秆高得多，尤其是青割禾本科作物其无氮浸出物含量丰富，用作青贮效果很好，生产中常把青割玉米作为主要的青贮原料。此外，青割燕麦、青割大麦也常用来调制干草。青割幼嫩的高粱和苏丹草中含有氰苷配糖体，肉牛采食后会在体内转变为氢氰酸而中毒。为防止中毒，宜在抽穗期收割，也可调制成青贮或干草，使毒性减弱或消失。

二、粗饲料

粗饲料的特点是资源广、成本低。其营养价值低，表现为蛋白质含量低，其蛋白质含量在2%~20%，而粗纤维含量高，在20%~45%。

（一）青干草

以细茎的牧草、野草或其他植物为原料，经自然（日晒）或人工（烘烤）干燥到能长期储存。青干草是肉牛的优质粗饲料。一般野生或人工栽培的禾本科青干草含蛋白质6%~9%，豆科苜蓿干草含蛋白质15%，甚至超过禾谷类精料。

（二）秸秆饲料

为农作物收获籽实后的秸、藤、蔓、秧、荚、壳等，如玉米秸、麦秸、稻草、谷草、花生藤、甘薯蔓、马铃薯秧、豆荚、豆秸等。有干燥和青绿两种。

（三）秕壳类饲料

指作物脱粒碾场时的副产品，包括种子的外稃、荚壳、部分瘪籽，如麦糠、豆荚皮等。

（四）糟渣类

1. 甜菜渣

甜菜渣是甜菜制糖时压榨后的残渣，新鲜甜菜渣含水量70%~80%，适口性好，易消化。干甜菜渣为灰色或淡灰色，略具甜味，呈粉或丝状，无氮浸出物含量可达56.5%，而粗蛋白质和粗脂肪少。粗纤维含量多，但较易消化。矿物质中钙多磷少，维生素中除烟酸含量稍多外，其他均低。甜菜渣中含有较多的游离有机酸，喂量过多易引起腹泻。每天的喂量为：肉牛40千克、犊牛和种公牛应少喂或不喂。饲喂时，应适当搭配一些干草、青贮料、饼粕、糠麸、胡萝卜以补充其不足的养分。

2. 饴糖渣

饴糖的主要成分是麦芽糖，是采用酶解方法将粮食中的淀粉转化而成，用于生产制造糖果和糕点。饴糖渣的营养成分视原料和加工工艺而有所不同。一般来讲，饴糖渣含糖高，含粗纤维低，还含有一定量的粗蛋白质和粗脂肪，饲用价值与谷类相近，高于糠麸。饴糖渣味甜香，消化率高，是饲料中的优良调味品。

3. 啤酒糟

啤酒糟是大麦提取可溶性碳水化合物后的残渣，故其成分除淀粉少外，其他与大麦组成相似，但含量按比例增加。粗蛋白质含量为22%~27%，氨基酸组成与大麦相似。粗纤维含量较高，矿物质、维生素含量丰富。粗脂肪高达5%~8%，其中亚油酸占50%以上。无氮浸出物为39%~43%，以五碳糖类戊聚糖为主，多用于反刍动物饲料，效果较好。用于肉牛，可取代部分或全部大豆饼粕，可改善尿素利用效果，防止瘤胃不全角化和消化障碍。犊牛饲料中使用20%的啤酒糟也不影响生长。

4. 白酒糟

用富含淀粉的原料（如高粱、玉米、大麦等）酿造白酒，所得的糟渣副产品即为白酒糟。就粮食酒来说，由于酒糟中可溶性碳水化合物发酵成醇被提取，其他营养成分如蛋白质、脂肪、粗纤维与灰分等含量相应提高，而无氮浸出物相应降低。而且由于发酵使 B 族维生素含量大大提高，也产生一些未知生长因子。酒糟中各营养物质消化率与原料相比没有差异，因而其能值下降不多。但是在酿酒过程中，常常加入 20%~25%的稻壳，这使粗纤维含量较高，营养价值大为降低。酒糟对肉牛有良好的饲用价值，可占精料总量的 50%以下。

5. 豆腐渣

以大豆为原料制造豆腐的副产品，鲜豆腐渣水分含量高，可达 78%~90%，干物质中粗蛋白质和粗纤维含量高，维生素大部分转移到豆浆中，它和豆类一样含有抗胰蛋白酶等有害因子，故需煮熟后利用。鲜豆腐渣经干燥、粉碎后可作配合饲料原料，但加工成本高。鲜豆腐渣是牛良好的多汁饲料。

6. 粉渣

以豌豆、蚕豆、马铃薯、甘薯、木薯等为原料生产淀粉、粉丝、粉条、粉皮等食品的残渣。由于原料不同，其营养成分也有差异。鲜粉渣的含水量很高，可达 80%~90%，因其中含有可溶性糖，易引起乳酸菌发酵而带酸味，pH 值一般为 4.0~4.6，存放时间愈长，酸度愈大，且易被霉菌和腐败菌污染而变质，丧失饲用价值，故用作饲料时需进行干燥处理。干粉渣的主要成分为无氮浸出物，粗纤维含量较高，蛋白质、钙、磷含量较低。粉渣是肉牛的良好饲料，但不宜单喂，最好和其他蛋白质饲料、维生素类等配合饲喂。

7. 苹果渣

苹果渣主要是罐头厂的下脚料，其中大部分是苹果皮、核及不适于食用的废果。其成分特点是无氮浸出物和粗纤维含量高，而蛋白质含量较低，并含有一定量的矿物质和丰富的维生素。鲜苹果渣可直接喂牛，也可以晒干制粉后用作饲料原料。苹果渣营养丰富，适口性好，多用作肉牛饲料，可占精料的 50%。此外也可制成青贮料使用。编者曾以苹果渣代替 20%的精料饲喂肥育肉牛，日增重差异不显著，表明苹果渣可以替代部分精料，从而降低饲养成本。

三、青贮饲料

是以新鲜的青刈饲料作物、牧草、野草、玉米秸、各种藤蔓等为原料，切碎后装入青贮窖或青贮塔内，经微生物的发酵作用制成的饲料。

青贮饲料的优点是：部分养分能被保存下来，年限可达2~3年或更长，能保证青饲料全年均衡供应。另外，通过微生物发酵作用，产生大量乳酸和芳香气味，适口性好，可提高消化利用率。

四、精饲料

肉牛常用的精饲料包括能量饲料、蛋白质饲料、矿物质饲料和饲料添加剂等。

（一）能量饲料

主要是玉米、高粱、大麦，以及块根块茎及瓜类饲料。块根块茎及瓜类饲料包括木薯、甘薯、马铃薯、胡萝卜、饲用甜菜、芜菁甘蓝、菊芋及南瓜等，这类饲料含水量高，容积大，但以干物质计其能值类似于谷实类，且粗纤维和蛋白质含量低，故应属于能量饲料。

1. 甘薯

又名红薯、白薯、番薯、地瓜等，是我国种植最广、产量最大的薯类作物。新鲜甘薯是一种高水分饲料，含水量约70%，作为饲料除了鲜喂、熟喂外，还可以切成片或制成丝再晒干粉碎成甘薯粉使用。甘薯的营养价值比不上玉米，其成分特点与木薯相似，但不含氢氰酸。甘薯粉中无氮浸出物占80%，其中绝大部分是淀粉。蛋白质含量低，且含有胰蛋白酶抑制因子，但加热可使其失活，提高蛋白质消化率。可作为反刍家畜良好的热能来源，鲜甘薯忌冻，必须贮存在13℃左右的环境下才比较安全。保存不当时，会生芽或出现黑斑。黑斑甘薯有苦味，牛吃后易引发喘气病，严重者死亡。甘薯制成甘薯粉后便于贮藏，但仍需注意勿使其发霉变质。

2. 马铃薯

又称土豆、地蛋、山药蛋、洋芋等，我国主要产区是东北、内蒙古及西北黄土高原，华北平原也有种植。马铃薯块茎中含淀粉80%，粗蛋白质11%左右。马铃薯中含有一种有毒的配糖体，称作龙葵素（茄素），采食过多会使家畜中毒。另外还含有胰蛋白酶抑制因子，妨碍蛋白质的消化。成熟而新鲜的马铃薯块茎中毒素含量不多（为0.005%~0.01%），对肉牛适口性好。当马铃薯贮存不当而发芽变绿时，龙葵素就会大量生成，一般在块茎青绿色皮上、芽眼及芽中最多。所以应科学保存，尽量避免其发芽、变绿，对已发芽变绿的茎块，喂前注意除去嫩芽及发绿部分，并进行蒸煮，且煮过的水不能利用。

3. 胡萝卜

胡萝卜产量高、易栽培、耐贮藏、营养丰富，是家畜冬、春季重要的多汁饲料。胡萝卜的营养价值很高，大部分营养物质是无氮浸出物，并含有蔗糖和果糖，故有甜味。胡萝卜素尤其丰富，为一般牧草饲料所不及。胡萝卜还含有大量的钾盐、磷盐和铁盐等。一般来说，颜色愈深，胡萝卜素和铁盐含量愈高，红色的比黄色的高。生产中，在青饲料缺乏季节，向干草或秸秆比重较大的日粮中添加一些胡萝卜，可改善日粮口味，调节消化机能。对于种牛，饲喂胡萝卜供给丰富的胡萝卜素，对于公畜精子的正常生成及母畜的正常发情、排卵、受孕与怀胎，都有良好作用。胡萝卜熟喂，其所含的胡萝卜素、维生素 C 及维生素 E 会遭到破坏，最好生喂，一般肉牛日喂 15~20 千克。

（二）蛋白质饲料

主要包括豆饼（粕）、棉籽饼（粕）、花生饼等，占精饲料的 20%~25%。其中，犊牛补料、青年牛育肥可以添加 5%~10%豆饼（粕）。注意，棉籽饼（粕）、豆饼（粕）、花生饼每日喂量不宜超过 3 千克。

（三）矿物质饲料

包括食盐、小苏打、维生素添加剂等，一般占精饲料量的 3%~5%。而架子牛育肥占 0.5%~1%。在冬、春、秋季，食盐添加量占精饲料量的 0.5%~0.8%，到了夏季，食盐添加量占精饲料量的 1%~1.2%。

（四）饲料添加剂

①严禁添加国家不准使用的添加剂、性激素、蛋白质同化激素类、精神药品类、抗生素滤渣和其他药物。

②国家允许使用的添加剂和药物要严格按照规定添加。

五、粮食加工副产品

（一）米糠与脱脂米糠

稻谷的加工副产品称为稻糠，稻糠可分为砻糠、米糠和统糠。砻糠是粉碎的稻壳；米糠是糙米精制成大米时的副产品，由种皮、糊粉层、胚及少量的胚乳组成；统糠是米糠与砻糠的混合物；榨油后为脱脂米糠。

米糠的营养价值受大米加工精制程度的影响，精制程度越高，则米糠中混入的胚乳就越多，其营养价值也就越高。粗蛋白质含量比麸皮低，但比玉米高；粗脂肪含量可达15%，脂肪酸多属不饱和脂肪酸；富含维生素E，B族维生素含量也很高，但缺乏维生素A、维生素D、维生素C；粗灰分含量高，钙磷比例极不平衡，磷含量高，锰、钾、镁含量较高；含有胰蛋白酶抑制因子，加热可使其失活，否则采食过多易造成蛋白质消化不良。此外，米糠中脂肪酶活性较高，长期贮存易引起脂肪变质。米糠用作牛饲料，适口性好，能值高，在肉牛精料中可用至20%。

（二）小麦麸

小麦麸俗称麸皮，来源广，数量大，是我国北方畜禽常用的饲料原料。根据小麦加工工艺不同，小麦麸的营养质量差别很大。“先出麸”工艺是：麦子剥三层皮，头碾麸皮、二碾麸皮是种皮，其营养价值与秸秆相同，三碾麸皮含胚，营养价值高，这种工艺的麸皮是头碾麸皮、二碾麸皮和三碾麸皮及提取胚后的残渣的混合物，其营养远不及传统的“后出麸”工艺麸皮。小麦麸容积大，纤维含量高，适口性好，是肉牛优良的饲料原料。根据小麦麸的加工工艺及质量，肉牛精料中可用到30%，但用量太高反而失去效果。

（三）大麦麸

大麦麸是加工大麦时的副产品，分为粗麸、细麸及混合麸。粗麸多为碎大麦壳，因而粗纤维高。细麸的能量、蛋白质及粗纤维含量皆优于小麦麸。混合麸是粗细麸混合物，营养价值也居于两者之间。可用于肉牛，在不影响热能需要时可尽量使用，对改善肉质有益，但生长期肉牛仅可使用10%～20%，太多会影响生长。

（四）玉米糠

玉米糠是玉米制粉过程中的副产品之一，主要包括种皮、胚和少量胚乳。可作为肉牛的良好饲料。玉米品质对成品品质影响很大，尤其含黄曲霉毒素高的玉米，玉米糠中毒素的含量约为原料玉米的3倍之多，这一点应注意。

（五）高粱糠

高粱糠是加工高粱的副产品，其消化能和代谢能都比小麦麸高，但因其中含有较多的单宁，适口性差，易引起便秘，故喂量应控制。在高粱糠中，若添加5%的豆饼，再与青饲料搭配喂牛，则其饲用价值将得到明显提高。

（六）谷糠

谷糠是谷子加工小米的副产品，其营养价值随加工程度而异，粗加工时，除产生种皮和秕谷外，还有许多颖壳，这种粗糠粗纤维含量很高，可达23%以上，而粗蛋白质只有7%左右，营养价值接近粗饲料。

第二节　肉牛青粗饲料加工调制

一、干草晒制

人工栽培牧草及饲料作物、野青草在适宜时期收割加工调制成干草，降低了水分含量，减少了营养物质的损失，有利于长期贮存，便于随时取用，可作为肉牛冬春季节的优质饲料。

（一）干草的收割

青饲料要适时收割，兼顾产草量和营养价值。收割时间过早，营养价值虽高，但产量会降低，而收割过晚会使营养价值降低。所以，适时收割牧草是调制优质干草的关键。一般禾本科牧草及作物，如黑麦草、苇状羊茅、大麦等，应在抽穗期至开花期收割；豆科牧草，如紫花苜蓿、三叶草、红豆草等，在开花初期到盛花期；另外收割时还要避开阴雨天气，避免晒制和雨淋使营养物质大量损失。

（二）干草的调制

适当的干燥方法，可防止青饲料过度发热和长霉，最大限度地保存干草的叶片、青绿色泽、芳香气味、营养价值以及适口性，保证干草安全贮藏。要根据本地条件采取适当的方法，生产优质的干草。

1. 平铺与小堆晒制结合

青草收割后采用薄层平铺暴晒4~5小时使草中的水分由85%左右减到

约40%，细胞呼吸作用迅速停止，减少营养损失。水分从40%减到17%非常慢，为避免长久日晒或遇到雨淋造成营养损失，可堆成高1米、直径1.5米的小垛，晾晒4~5天，待水分降到15%~17%时，再堆于草棚内以大垛贮存。一般晴日上午把草割倒，就地晾晒，夜间回潮，次日上午无露水时搂成小堆，可减少叶片损失。在南方多雨地区，可建简易干草棚，在棚内进行小堆晒制。棚顶四周可用立柱支撑，建于通风良好的地方，进行最后的阴干。

2. 压裂草茎干燥法

用牧草压扁机把牧草茎秆压裂，破坏茎的角质层膜和表皮及微管束，让它充分暴露在空气中，加快茎内的水分散失，可使茎秆的干燥速度和叶片基本一致。一般在良好的空气条件下，干燥时间可缩短1/3~1/2。此法适合于豆科牧草和杂草类干草调制。

3. 草架阴干法

在多雨地区收割苜蓿时，用地面干燥法调制不易成功，可以采用木架或铁丝架晾晒，其中干燥效果最好的是铁丝架干燥，其取材容易，能充分利用太阳热和风，在晴天经10天左右即可获得水分含量为12%~14%的优质干草。据报道，用铁丝架调制的干草，比地面自然干燥的营养物质损失减少17%，消化率提高2%。由于色绿、味香，适口性好，肉牛采食量显著提高。铁丝架的用材主要为立柱和铁丝。立柱由角钢、水泥柱或木柱制成，直径为10~20厘米，长180~200厘米。每隔2米立一根，埋深40~50厘米，呈直线排列（列柱），要埋得直，埋得牢，以防倒伏。从地面算起，每隔40~45厘米拉一横线，分为3层。最下一层距地面留出40~45厘米的间隔，以利通风。用塑料绳将铁丝绑在立柱或横杆上，以防挂草后沉重坠落。每两根立柱加拉一条对称的跨线，以防被风刮倒。大面积牧草地可在中央立柱，小面积或细长的地可在地边立柱。立柱要牢固，铁丝要拉紧和绑紧，以防松弛和倾倒。

4. 人工干燥法

（1）常温鼓风干燥法　收割后的牧草田间晾到含水50%左右时，放到设有通风道的草棚内，用鼓风机或电风扇等吹风装置，进行常温吹风干燥。先将草堆高成1.5~2米，经过3~4天干燥后，再堆高1.5~2米，可继续堆高，总高不超过4.5~5米。一般每方草每小时鼓入300~350方空气。这种方法在干草收获时期，白天、早晨和晚间的相对湿度低于75%，温度高于15℃时可以使用。

（2）高温快速干燥法　将牧草切碎，放到牧草烘干机内，通过高温空气，使牧草快速干燥。干燥时间取决于烘干机的种类、型号及工作状态，从几小时到几十分钟，甚至几秒钟，使牧草含水量从80%左右迅速降到15%以下。有的烘干机入口温度为75~260℃，出口为25~160℃；有的入口温度为420~1 160℃，出口为60~260℃。虽然烘干机内温度很高，但牧草本身的温度很少超过30~35℃。这种方法牧草养分损失少。

（三）干草的贮藏与包装

1. 干草的贮藏

调制好的干草如果没有垛好或含水量高，会导致干草发霉、腐烂。堆垛前要正确判断含水量。具体判断标准见表3-2。

表3-2　判断干草含水量的方法

干草含水量	判断方法	是否适合堆垛
15%~16%	用手搓揉草束时能沙沙响，但叶量丰富低矮的牧草不能发出嚓嚓声。反复折曲草束时茎秆折断。叶子干燥卷曲，茎上表皮用指甲几乎不能剥下	适于堆垛保藏
16%~18%	搓揉草时没有干裂响声，而仅能沙沙响。折曲草束时只有部分植物折断，上部茎秆能留下折曲的痕迹，但茎秆折不断。叶子有时卷曲，上部叶子软。表皮几乎不能剥下	可以堆垛保藏
19%~20%	握紧草束时不能产生清脆声音，但粗黄的牧草有明显干裂响声。干草柔软，易捻成草辫，反复折曲而不断。在拧草辫时挤不出水来，但有潮湿感觉。禾本科草表皮剥不掉。豆科草上部茎的表皮有时能剥掉	堆垛保藏危险
23%~25%	搓揉没有沙沙的响声。折曲草束时，在折曲处有水珠出现，手插入干草里有凉的感觉	不能堆垛保藏

现场常用拧扭法和刮擦法来判断，即手持一束干草进行拧扭，如草茎轻微发脆，扭弯部位不见水分，可安全贮存；或用手指甲在草茎外刮擦，如能将其表皮剥下，表示晒制尚不充分，不能贮藏，如剥不下表皮，则表示可将干草堆垛。干草安全贮存的含水量，散放为25%，打捆为20%~22%，铡碎为18%~20%，干草块为16%~17%。含水量高不能贮存，否则会发热霉烂，造成营养损失，随时可能引起自燃，甚至发生火灾。

干草贮藏有露天堆垛、草棚堆垛和压捆等方法，贮藏时应注意以下几点。

（1）防止垛顶塌陷漏雨　干草堆垛后2~3周内，易发生塌顶现象，要经常检查，及时修整。一般可采用草帘呈屋脊状封顶、小型圆形垛可采用尖顶封顶、麦秸泥封顶、农膜封顶和草棚等形式。

（2）防止垛基受潮　要选择地势高燥的场所堆垛，垛底应尽量避免与泥土接触，要用木头、树枝、石头等垫起铺平并高出地面 40~50 厘米，垛底四周要挖排水沟。

（3）防止干草过度发酵与自燃　含水量在 17%以上时由于植物体内酶及外部微生物的活动常引起发酵，使温度上升至 40~50℃。适度发酵可使草垛坚实，产生特有的香味，但过度发酵会使干草品质下降，应将干草水分含量控制在 20%以下。发酵产热温度上升到 80℃左右时接触新鲜空气即可引起自燃。此现象在贮藏 30~40 天时最易发生。若发现垛温达到 65℃以上时，应立即采取相应措施，如拆垛、吹风降温等。

（4）减少胡萝卜素的损失　堆或垛外层的干草因受阳光的照射，胡萝卜素含量最低，中间及底层的干草，因挤压紧实，氧化作用较弱，胡萝卜素的损失较少。贮藏青干草时，应尽量压实，集中堆大垛，并加强垛顶的覆盖。

（5）准备消防设施，注意防火　堆垛时要根据草垛大小，将草垛间隔一定距离，防止失火后全军覆没，为防不测，提前应准备好防火设施。

2. 干草的包装

有草捆、草垛、干草块和干草颗粒 4 种包装形式。

（1）草捆　常规为方形、长方形。目前我国的羊草多为长方形草捆，每捆约重 50 千克。也有圆形草捆，如在草地上大规模贮备草时多为大圆形草捆，其直径可达 1.5~2 米。

（2）草垛　是将长草吹入拖车内并以液压机械顶紧压制而成。呈长方形，每垛重 1~6 吨。适于在草场上就地贮存。由于体积过大，不便运输。这种草垛受风吹日晒雨淋的面积较大，若结构不紧密，可造成雨雪渗漏。

（3）干草块　是最理想的包装形式。可实行干草饲喂自动化，减少干草养分损失，消除尘土污染，采食完全，无剩草，不浪费，有利于提高牛的进食量、增重和饲料转化效率，但成本高。

（4）干草颗粒　是将干草粉碎后压制而成。优点是体积小于其他任何一种包装形式，便于运输和贮存，可防止牛挑食和剩草，消除尘土污染。

另外，也有采用大型草捆包塑料薄膜来贮存干草的。

（四）干草的品质鉴别

干草品质鉴定方法有感官（现场）鉴定、化学分析与生物技术法，生产上常通过感官鉴定判断干草品质的好坏。

1. 感官鉴定

（1）颜色气味　干草的颜色是反映品质优劣最明显的标志，颜色深浅可作为判断干草品质优劣的依据。优质青干草呈绿色，绿色越深，营养物质损失越小，所含的可溶性营养物质、胡萝卜素及其他维生素越多，品质也越好。茎秆上每个节的茎部颜色是干草所含养分高低的标记，如果每个节的茎部呈现深绿色部分越长，则干草所含养分越高；若是呈现淡的黄绿色，则养分越少；呈现白色时，则养分更少，且草开始发霉、变黑时，说明已经霉烂。适时刈割的干草都具有浓厚的芳香气味，能刺激肉牛的食欲，增加适口性，若干草具有霉味或焦灼的气味，品质不佳。

（2）叶片含量　干草中叶片的营养价值较高。优良干草要叶量丰富，有较多的花序和嫩枝。叶中蛋白质和矿物质含量比茎多 1~1.5 倍，胡萝卜素多 10~15 倍，粗纤维含量比茎少 50%~100%，叶营养物质的消化率比茎高 40%。干草中的叶量越多，品质就越好。鉴定时可取一束干草，看叶量的多少，优良的豆科青干草叶量应占干草总重量的 50%以上。

（3）牧草形态　初花期或初花期前刈割的干草中含有花蕾、未结实花序的枝条较多，叶量也多，茎秆质地柔软，适口性好，品质也佳。若刈割过迟，干草中叶量少，带有成熟或未成熟种子的枝条数目多，茎秆坚硬，适口性、消化率都下降，品质变劣。

（4）含水量　干草的含水量应为 15%~18%。

（5）病虫害情况　有病虫害的牧草调制成的干草营养价值较低，且不利于家畜健康，鉴定时查其叶片上是否有病斑出现，是否带有黑色粉末等，如果发现带有病症，不能饲喂家畜。

2. 干草分级

现将一些国家的干草分级标准（表 3-3 至表 3-6）介绍如下，作为评定干草品质的参考。

内蒙古自治区制定的青干草等级标准如下。

一等：以禾本科草或豆科草为主体，枝叶呈绿色或深绿色，叶及花序损失不到 5%，含水量 15%~18%，有浓郁的干草香味，但由再生草调制的优良青干草可能香味较淡。无沙土，杂类草及不可食草不超过 5%。

二等：草种较杂，色泽正常，呈绿色或淡绿。叶及花序损失不到 10%，有香草味，含水量 15%~18%，无沙土，不可食草不超过 10%。

三等：叶色较暗，叶及花序损失不到 15%，含水量 15%~18%，有香草味。

四等：茎叶发黄或变白，部分有褐色斑点，叶及花序损失大于20%，香草味较淡。

五等：发霉，有霉烂味，不能饲喂。

表 3-3　国外人工豆科干草的分级标准

	豆科（%）≥	有毒有害物（%）≤	粗蛋白质（%）≥	胡萝卜素（毫克/千克）≥	粗纤维（%）≤	矿物质（%）≤	水分（%）≤
1	90	—	14	30	27	0.3	17
2	75	—	10	20	29	0.5	17
3	60	—	8	15	31	1.0	17

表 3-4　国外人工禾本科干草的分级标准

	豆科和禾本科（%）≥	有毒有害物（%）≤	粗蛋白质（%）≥	胡萝卜素（毫克/千克）≥	粗纤维（%）≤	矿物质（%）≤	水分（%）≤
1	90	—	10	20	28	0.3	17
2	75	—	8	15	30	0.5	17
3	60	—	6	10	33	1.0	17

表 3-5　国外豆科和禾本科混播干草的分级标准

	豆科（%）≥	有毒有害物（%）≤	粗蛋白质（%）≥	胡萝卜素（毫克/千克）≥	粗纤维（%）≤	矿物质（%）≤	水分（%）≤
1	50	—	11	25	27	0.3	17
2	35	—	9	20	29	0.5	17
3	20	—	7	15	32	1.0	17

表 3-6　国外天然刈割草场干草的分级标准

	禾本科和豆科（%）≥	有毒有害物（%）≤	粗蛋白质（%）≥	胡萝卜素（毫克/千克）≥	粗纤维（%）≤	矿物质（%）≤	水分（%）≤
1	80	0.5	9	20	28	0.3	17

（续表）

	禾本科和豆科（%）≥	有毒有害物（%）≤	粗蛋白质（%）≥	胡萝卜素（毫克/千克）≥	粗纤维（%）≤	矿物质（%）≤	水分（%）≤
2	60	1.0	7	15	30	0.5	17
3	40	1.0	5	10	33	1.0	17

（五）干草的饲喂

优质干草可直接饲喂，不必加工。中等以下质量的干草喂前要铡短到3厘米左右，主要是防止第四胃移位和满足牛对纤维素的需要。为了提高干草的进食量，可以喂干草块。

肉牛饲喂干草等粗料，按每百千克体重计算以1.5~2.5千克干物质为宜。干草的质量越好，肉牛采食干草量越大，精料用量越少。按整个日粮总干物质计算，干草和其他粗料与精料的比例以50：50最合理。

二、青贮、黄贮饲料的加工调制与使用

（一）青贮原理

青贮饲料是指在密闭的青贮设施（窖、壕、塔、袋等）中，或经乳酸菌发酵，或采用化学制剂调制，或降低水分而保存的青绿多汁饲料，白色青贮是调制和贮藏青饲料、块根块茎类、农副产品的有效方法。青贮能有效保存饲料中的蛋白质和维生素，特别是胡萝卜素的含量，青贮比其他调制方法都高；饲料经过发酵，气味芳香，柔软多汁，适口性好；可把夏、秋多余的青绿饲料保存起来，供冬春利用，利于营养物质的均衡供应；调制方法简单，易于掌握；不受天气条件的限制；取用方便，随用随取；贮藏空间比干草小，可节约存放场地；贮藏过程中不受风吹、雨淋、日晒等影响，也不会发生自燃等火灾事故。

青贮发酵是一个复杂的生物化学过程。青贮原料入窖后，附着在原料上的好气性微生物和各种酶利用饲料受机械压榨而排出的富含碳水化合物等养分的汁液进行活动，直至容器内氧气耗尽，1~3天形成厌氧环境时才停止呼吸。乙酸菌大量繁殖，产生乙酸，酸浓度的增加，抑制了乙酸菌的繁殖。随着酸度、厌氧环境的形成，乳酸菌开始生长繁殖，生成乳酸。15~20天

后窖内温度由 33℃降到 25℃，pH 值由 6 下降到 3.4~4.0，产生的乳酸达到最高水平。当 pH 值下降至 4.2 以下时只有乳酸杆菌存在，下降至 3 时乳酸杆菌也停止活动，乳酸发酵基本结束。此时，窖内的各种微生物停止活动，青贮饲料进入稳定阶段，营养物质不再损失。一般情况下，糖分含量较高的原料如玉米、高粱等在青贮后 20~30 天就可以进入稳定阶段（豆科牧草需 3 个月以上），如果密封条件良好，这种稳定状态可持续数年。

玉米秸、高粱秸的茎秆含水量大，皮厚极难干燥，因而极易发霉。及时收获穗轴制作青贮可免霉变损失。

（二）青贮容器

1. 青贮窖

青贮窖有地下式和半地下式两种。

地下式青贮窖适于地下水位较低、土质较好的地区，半地下式青贮窖适于地下水位较高或土质较差的地区。青贮窖的形状及大小应根据肉牛的数量、青贮料饲喂时间长短以及原料的多少而定。原则上料少时宜做成圆形窖，料多时宜做成长方形窖。圆形窖直径与窖深之比为 1：1.5。长方形窖的四壁呈 95°倾斜，即窖底的尺寸稍小于窖口，窖深以 2~3 米为宜，窖的宽度应根据牛群日需要量决定，即每日从窖的横截面取 4~8 厘米为宜，窖的大小以集中人力 2~3 天装满为宜。青贮窖最好有两个，以便轮换搞氨化秸秆用。大型窖应用链轨拖拉机碾压，一般取大于其链轨间距 2 倍以上，最宽 12 米，深 3 米。

窖址应选择在地势高燥、土质坚硬、地下水位低、靠近牛舍、远离水源和粪坑的地方。从长远及经济角度出发，不可采用土窖，宜修筑永久性窖，用砖石或混凝土结构。土窖既不耐久，原料霉坏又多，极不合算。青贮窖的容量因饲料种类、含水量、原料切碎程度、窖深而变化，不同青贮饲料每立方米重量见表 3-7。

表 3-7　不同青贮饲料每立方米重量

饲料名称	每立方米重量（千克）
叶菜类，紫云英	800
甘薯藤	700~750
甘薯块根，胡萝卜等	900~1 000
萝卜叶，苦荬菜	610

（续表）

饲料名称	每立方米重量（千克）
牧草，野青草等	600
青贮玉米，向日葵	500~550
青贮玉米秸	450~500

当全年喂青贮为主时，每头大牛需窖容 13~20 米^3，小牛以大牛的 1/2 来估算窖的容量，大型牛场至少应有 2 个以上的青贮窖。

2. 圆筒塑料袋

选用 0.2 毫米以上厚实的塑料膜做成圆筒形，与相应的袋装青贮切碎机配套，如不移动可以做得大些，如要移动，以装满后两人能抬动为宜。原料装好后可以放在牛舍内、草棚内和院子内，用砖块压实，最好避免直接晒太阳使塑料袋老化碎裂，要注意防鼠、防冻。

3. 草捆青贮

主要用于牧草青贮，将新鲜的牧草收割并压制成大圆草捆，装入塑料袋，系好袋口便可制成优质的青贮饲料。注意保护塑料袋，不要让其破漏。草捆青贮取用方便，在国外应用较多。

4. 堆贮

堆贮是在砖地或混凝土地上堆放青贮的一种形式。这种青贮只要加盖塑料布，上面再压上石头、汽车轮胎或土就可以。但堆垛不高，青贮品质稍差。堆垛应为长方形而不是圆形，开垛后每天横切 4~8 厘米，保证让牛天天吃上新鲜的青贮饲料。

另外，在国外也有用青贮塔，即为地上的圆筒形建筑，金属外壳，水泥预制件做衬里。长久耐用，青贮效果好，塔边、塔顶很少霉坏，便于机械化装料与卸料。青贮塔的高度应为其直径的 2~3.5 倍，一般塔高 12~14 米，直径 3.5~6 米。在塔身一侧每隔 2 米高开一个 0.6 米×0.6 米的窗口，装时关闭，取空时敞开。可用于制作低水分青贮、湿玉米粒青贮或一般青贮，青贮饲料品质优良，但成本高。

（三）青贮饲料的制作

青贮饲料是指将切碎的新鲜贮料通过微生物厌氧发酵和化学作用，在密闭无氧条件下制成的一种适口性好、消化率高和营养丰富的饲料，是保证常年均衡供应肉牛饲料的有效措施。

1. 收割

一般全株青贮玉米在乳熟后期至蜡熟前期收割，半干青贮在蜡熟期收割，黄贮玉米秸秆在完熟期提前 15 天摘穗后收割，豆科牧草在开花初期，禾本科牧草在抽穗期收割。

2. 运输

要随割随运，及时切碎贮存。

3. 切碎

青贮原料一般铡成 1~2 厘米，黄贮原料要求比青贮切得更短。

4. 调节水分含量

一般青贮饲料调制的适宜含水量应为 60%~70%。若原料过湿，就将原料在阳光下晾晒后再加工，且在装窖的前段时间不加水，待装填到距窖口 50~70 厘米处开始加少量水。如果玉米秸秆不太干，应在贮料装填到一半左右时开始逐渐加水。如果玉米秸秆十分干燥，在贮料厚达 50 厘米时就应逐渐加水。加水要先少后多、边装边加、边压实。

5. 装填与压实

贮料应随时切碎，随时装贮，边装窖、边压实。每装到 30~50 厘米厚时就要压实一次。制作黄贮时，为了提高黄贮的质量，可逐层添加 0.5%~1%玉米面，或是每吨贮料中添加 450 克乳酸菌培养物或 0.5 克纯乳酸菌剂，另外还可以按 0.5%的比例添加尿素，或每吨贮料中添加 3.6 千克甲醛。

6. 密封

贮料装填完后，应立即严密封埋。一般应将原料装至高出窖面 30 厘米左右，用塑料薄膜盖严后，再用土覆盖 30~50 厘米，最后再盖一层遮雨布。

7. 管护

贮窖贮好封严后，在四周约 1 米处挖沟排水，以防雨水渗入。多雨地区，应在青贮窖上面搭棚，随时注意检查，发现窖顶有裂缝时，应及时覆土压实。

8. 开窖

青贮玉米、高粱等禾本科牧草一般 30~40 天可开窖取用；豆科牧草一般在 2~3 个月开窖取用。

9. 取料

开窖后取料时应从一头开挖，由上到下分层垂直切取，不可全面打开或掏洞取料，尽量减小取料横截面。当天用多少取多少，取后立即盖好。取料后，如果中途停喂，间隔较长，必须按原来封窖方法将青贮窖盖好封严，不透气、不漏水。

10. 饲喂

青贮饲料是优质多汁饲料，开始饲喂家畜时最初少喂，逐步增多，然后再喂草料，使其逐渐适应。

青贮时，要使原料含水量控制在60%~70%。并且一定要压实、封严，尤其是边角。制作时辅助料要喷撒均匀。

（四）黄贮饲料的制作

黄贮是将收获了籽实的作物秸秆切碎后喷水（或边切碎边喷水），使秸秆含水量达到40%。为了提高黄贮质量，可按秸秆重量的0.2%加入尿素，3%~5%加入玉米面，5%加入胡萝卜。胡萝卜可与秸秆一块切碎，尿素可制成水溶液均匀地喷洒于原料上。然后装窖、压实，覆盖后贮存起来，密封40天左右即可饲喂。

（五）尿素青贮饲料的制作

在一些蛋白质饲料缺乏的地区，制作尿素青贮是一种可行的方法。玉米青贮干物质中的粗蛋白质含量较低，约为7.5%，在制作青贮时，按原料重量的0.5%加入尿素，这样含水70%的青贮料干物质中即有12%~13%的粗蛋白质，不仅提高了营养价值，还可提高牛的采食量，抑制腐生菌繁殖导致的霉变等。

制作尿素青贮时，先在窖底装50~60厘米厚的原料，按青贮原料的重量算出尿素需要量（可按0.4%~0.6%的比例计算），把尿素制成饱和水溶液（把尿素溶化在水中），按每层应喷量均匀地喷洒在原料上，以后每层装料15厘米厚，喷洒尿素溶液1次，如此反复直到装满窖为止，其他步骤与普通青贮相同。

制作尿素青贮时，要求尿素水溶液喷洒均匀，窖存时间最好在5个月以上，以便于尿素渗透、扩散到原料中。饲喂尿素青贮量要逐日增加，经7~10天后达到正常采食量，并要逐渐降低精饲料中的蛋白质含量。

（六）青贮饲料常用添加剂

1. 微生物添加剂

青绿作物叶片上天然存在的有益微生物（如乳酸菌）和有害微生物之比为10∶1，采用人工加入乳酸菌有利于使乳酸菌尽快达到足够的数量，加快发酵过程，迅速产生大量乳酸，使pH值下降，从而抑制有害微生物的活动。将乳酸菌、淀粉、淀粉酶等按一定比例配合起来，便可制成一种完整的菌类添加剂。使用这类复合添加剂，可使青贮的发酵变成一种快速、低温、低损失的过程。从而使青贮的成功更有把握。而且，当青贮打开饲喂时，稳定性也更好。

2. 不良发酵抑制剂

能部分或全部地抑制微生物生长。常用的有无机酸（不包括硝酸和亚硝酸）、乙酸、乳酸和柠檬酸等，目前用的最多的是甲酸和甲醛。对糖分含量少、较难青贮的原料，可添加适量甲酸，禾本科牧草添加量为湿重的0.3%，豆科牧草为0.5%，混播牧草为0.4%。

3. 好气性变质抑制剂

即抑制二次发酵的添加剂，丙酸、己酸、焦亚硫酸钠和氨等都属于此类添加剂。生产中常用丙酸及其盐类，添加量为0.3%~0.5%时可很大程度地抑制酵母菌和霉菌的繁殖，添加量为0.5%~1%时绝大多数的酵母菌和霉菌都被抑制。

4. 营养性添加剂

补充青贮饲料营养成分和改善发酵过程，常用的如下。

（1）碳水化合物　常用的是糖蜜及谷类。它们既是一种营养成分，又能改善发酵过程。糖蜜是制糖工业的副产品，禾本科牧草或作物青贮时加入量为4%，豆科青贮为6%。谷类含有50%~55%的淀粉以及2%~3%的可发酵糖，淀粉不能直接被乳酸菌利用，但是，在淀粉酶作用下可水解为糖，为乳酸菌利用。例如，大麦粉在青贮过程中能产生相当于自身重量30%的乳酸。每吨青贮饲料可加入50千克大麦粉。

（2）无机盐类　青贮饲料中加石灰石不但可以补充钙，而且可以缓和饲料的酸度。每吨青贮饲料碳酸钙的加入量为4.5~5千克。添加食盐可提高渗透压，丁酸菌对较高的渗透压非常敏感而乳酸菌却较为迟钝。添加0.4%的食盐可使乳酸含量增加，醋酸减少，丁酸更少，从而使青贮品质改善，适口性也更好。

虽然每一种添加剂都有在特定条件下使用的理由，但是，不应当由此得出结论：只有使用添加剂，青贮才能获得成功。事实上，只要满足青贮所需的条件，在多数情况下无须使用添加剂。

（七）青贮饲料的品质鉴定

青贮饲料品质的评定有感官（现场）鉴定法、化学分析法和生物技术法，生产中常用感官鉴定法。

1. 感官鉴定

通过色、香、味和质地来评定的。评定标准见表3-8。

表3-8 青贮饲料感官鉴定标准

等级	颜色	酸味	气味	质地
优良	黄绿色、绿色	较浓	芳香酸味	柔软湿润、茎叶结构良好
中等	黄褐色、墨绿色	中等	芳香味弱、稍有酒精或醋酸味	柔软、水分稍干或稍多、结构变形
低劣	黑色、褐色	淡	刺鼻腐臭味	黏滑或干燥、粗硬、腐烂

2. 化学分析鉴定

（1）酸碱度　是衡量青贮饲料品质好坏的重要指标之一。实验室可用精密酸度计测定，生产现场可用精密石蕊试纸测定pH值。优良的青贮饲料，pH值在4.2以下，超过4.2（低水分青贮除外）说明青贮发酵过程中，腐败菌活动较为强烈。

（2）有机酸含量　测定青贮饲料中的乳酸、醋酸和酪酸的含量是评定青贮料品质的可靠指标。优良的青贮料含有较多的乳酸，少量醋酸，而不含酪酸。品质差的青贮饲料，含酪酸多而乳酸少，见表3-9。

一般情况下，青贮料品质的评定还要进行腐败和污染鉴定。青贮饲料腐败变质，其中含氮物质分解成氨，通过测定氨可知青贮料是否腐败。污染常是使青贮饲料变坏的原因之一，因此常将青贮窖内壁用石灰或水泥抹平，预防地下水的渗透或其他雨水、污水等流入。鉴定时可根据氨、氯化物质及硫酸盐的存在来评定青贮饲料的污染度。

表3-9 不同青贮饲料中各种酸含量 （%）

等级	pH值	乳酸	醋酸		酪酸		氨态氮/总氮
			游离	结合	游离	结合	
良好	3.8~4.4	1.2~1.5	0.7~0.8	0.1~0.15	—	—	小于10%
中等	4.5~5.4	0.5~0.6	0.4~0.5	0.2~0.3	—	0.1~0.2	15%~20%
低劣	5.5~6.0	0.1~0.2	0.1~0.15	0.05~0.1	0.2~0.3	0.8~1.0	20%以上

（八）青贮饲料的饲喂

青贮原料发酵成熟后即可开窖取用，如发现表层呈黑褐色并有腐臭味以及结块霉变时，应把表层弃掉。对于直径较小的圆形窖，应由上到下逐层取用，保持表面平整。对于长方形窖，宜从一端开始分段取用，先铲去约 1 米长的覆土，揭开塑料薄膜，由上到下逐层取用直到窖底。然后再揭去 1 米长的塑料薄膜，用同样方法取用。每次取料的厚度不应少于 9 厘米，不要挖窝掏取。每次取完后应用塑料薄膜覆盖露出的青贮料，以防雨雪落入及长时间暴露在空气中引起二次发酵，乳酸氧化为丁酸造成营养物质损失，甚至变质霉烂。

青贮饲料是肉牛的一种良好的粗饲料，一般占日粮干物质的 50%以下，初喂时有的牛不喜食，喂量应由少到多，逐渐适应后，即可习惯采食，喂青贮料后，仍需喂给精料和干草（一般 2~4 千克/天）。每天根据喂量，用多少取多少，否则容易腐臭或霉烂。劣质的青贮料不能饲喂，冰冻的青贮料应待冰融化后再喂。青贮饲料的日喂量对成年肥育牛每 100 千克体重为 4~5 千克。对犊牛，6 月龄以上一般能较好地采食，6 月龄前需要制备专用青贮饲料，3 月龄以前最好不喂青贮。

优良的青贮料，动物采食量和生产性能随青贮料消化率的提高而提高，仅喂带果穗青贮料可使肉牛的日增重维持在 0.8~1 千克。青贮饲料的饲养价值受牧草干物质、青贮添加物和牧草切短程度等的影响。

（九）全株玉米青贮加工利用技术

全株玉米青贮饲料是将适时收获的专用（兼用）青贮玉米整株切短装入青贮池中，在密封条件下厌氧发酵，制成的一种营养丰富、柔软多汁、气味酸香、适口性好、可长期保存的优质青绿饲料。全株玉米青贮因营养价值、生物产量等较高，得到国内外广泛的重视，在畜牧业发达国家已有 100 多年的应用历史。

1. 技术要点

（1）青贮窖（池）建设　青贮窖应建在地势较高、地下水位低、排水条件好、靠近畜舍的地方，主要采用地下式、半地下式和地上式 3 种方式。青贮窖地面和围墙用混凝土浇筑，墙厚 40 厘米以上，地面厚 10 厘米以上。容积大小应根据饲养数量确定，成年牛每头需 6~8 米^3。形状以长方形为宜，高 2~3 米，窖（池）宽小型 3 米左右、中型 3~8 米、大型 8~15 米，长度一般不小于宽度的 2 倍。

（2）适时收割　全株玉米在玉米籽实乳熟后期至蜡熟期（整株下部有 4~5 个叶片变成棕色）时刈割最佳。此时收获，干物质含量 30%~35%，可消化养分总量较高，效果最好。青贮玉米收获过早，原料含水量过高，籽粒淀粉含量少，糖分浓度低，青贮时易酸败（发臭发黏）。收获过晚，虽然淀粉含量增加，但纤维化程度高，消化率低，且装窖时不易压实，影响青贮质量。

（3）切碎　青贮玉米要及时收运、铡短、装窖，不宜晾晒、堆放过久，以免原料水分蒸发和营养损失。一般采用机械切碎至1~2厘米，不宜过长。

（4）装填、压实　每装填30~50厘米厚压实1次，排出空气，为青贮原料创造厌氧发酵条件。一般用四轮、链轨拖拉机或装载机来回碾压，边缘部分若机械碾压不到，应人工用脚踩实。青贮原料装填越紧实，空气排出越彻底，质量越好。如果不能一次装满，应立即在原料上盖上塑料薄膜，第二天再继续工作。

（5）密封　青贮原料装填完后，要立即密封。一般应将原料装填至高出窖面50厘米左右，窖顶呈馒头形或屋脊形，用塑料薄膜盖严后，用土覆盖30~50厘米（也可采用轮胎压实）。覆土时要从一端开始，逐渐压到另一端，以排出窖内空气。青贮窖封闭后要确保不漏气、不漏水。如果不及时封窖，会降低青贮饲料品质。

（6）管护　青贮窖封严后，在四周约1米处挖排水沟，以防雨水渗入。多雨地区，可在青贮窖上面搭棚。要经常检查，发现窖顶有破损时，应及时密封压实。

（7）开窖取料　青贮玉米一般贮存40~50天后可开窖取用。取料时用多少取多少，应从一端开启，由上到下垂直切取，不可全面打开或掏洞取料，尽量减小取料横截面，取料后立即盖好。如果中途停喂，间隔较长，必须按原来封窖方法将青贮窖封严。

（8）含水量判断　全株青贮适宜的含水量为65%~70%。检测时用手紧握青贮料不出水，放开手后能够松散开来，结构松软，不形成块，握过青贮料后手上潮湿但不会有水珠。

（9）饲喂　全株玉米青贮是优质多汁饲料，饲喂时应与其他饲草料搭配。经过短期适应后，肉牛一般均喜欢采食。开始饲喂时，由少到多，逐步增加。也可在空腹时先喂青贮饲料，再喂其他饲料，使其逐渐适应。成年牛每天饲喂5~10千克，同时饲喂干草2~3千克。犊牛6月龄以后开始饲喂。

2. 特点

①全株青贮玉米具有生物产量高，营养丰富，饲用价值高等优点，已成为畜牧业发达地区肉牛生产最重要的饲料来源。

②在密封厌氧环境下，可有效保存玉米籽实和茎叶营养物质，减少营养成分（维生素）的损失。同时，由于微生物发酵作用，产生大量乳酸和芳香物质，适口性好，采食量和消化利用率高。

③保存期长（2~3 年或更长），可解决冬季青饲料不足问题，实现青绿多汁饲料全年均衡供应。

④实际生产中，主要通过颜色、气味、结构及含水量等指标，对全株玉米青贮进行感官品质鉴定。颜色、气味、结构评定见表 3-10。

表 3-10 全株青贮玉米感官评定标准

品质等级	颜色	气味	结构
优良	青绿或黄绿色，有光泽，近于原色	芳香酒酸味，给人以舒适感	湿润、紧密，茎叶保持原状，容易分离
中等	黄褐色或暗褐色	有刺鼻酸味，香味淡	茎、叶部分保持原状，柔软，水分稍多
低劣	黑色、褐色或暗黑绿色	有特殊刺鼻腐臭味	腐烂、黏滑

（十）成效

全株青贮玉米采用密植方式，每亩（1 亩≈667 米^2）6 000~8 000株，生物产量可达 5~8 吨，刈割期比籽实玉米提前 15~20 天，茎叶仍保持青绿多汁，适口性好、消化率高，收益比种植籽实玉米高 400 元以上。制作时秸秆和籽粒同时青贮，营养价值提高。孙金艳等专家开展的“玉米全株青贮对肉牛增重效果研究”结果表明：育肥肉牛饲喂“混合精料+青贮玉米+干秸秆”日粮与饲喂“混合精料+玉米秸秆”日粮相比，平均日增重提高 0. 383 千克，经济效益提高 56. 65%。

三、秸秆饲料的加工调制与使用

推进农作物秸秆综合利用，是提升农村耕地质量、改善农业农村生态环境、加快农业绿色低碳发展、助力“双碳”工作的重要举措。碱化、氨化处理农作物秸秆，推进碱化、氨化秸秆养牛技术产业化，可以促进秸秆饲料转化增值，减少饲料粮消耗，提升秸秆在种养循环中的纽带作用，壮大秸秆养畜产业。试验证明，经过氨化处理的秸秆，粗蛋白质含量可提高 100%~150%，粗纤维含量降低 10%，有机物消化率可提高 20%以上，可显著提高肉牛的适口性和消化利用率。

目前我国加工调制秸秆与农副产品的方法很多，有物理、化学和生物学方法。物理法有切碎、粉碎、浸泡、蒸煮、射线照射等，化学法有碱化、氨化、酸化、复合处理等，生物法主要有微贮等。但应用效果较好的是化学方法。

（一）碱化

秸秆类饲料主要有稻草、小麦秸、玉米秸、谷草、高粱秸等，其中稻草、小麦秸和玉米秸是我国乃至世界各国的主要三大秸秆。这三类秸秆的营养价值很低，且很难消化，尤其是小麦秸。如果能将其进行碱化处理，不仅可提高适口性，增加采食量，而且可使消化率在原来基础上提高 50%以上，从而提高饲喂效果。

1. 石灰水碱化法

先将秸秆切短，装入水池、水缸等不漏水的容器内，然后倒入 0.6%的石灰水溶液，浸泡秸秆 10 分钟。为使秸秆全部被浸没，可在上面压一重物。之后将秸秆捞出，置于稍有坡度的石头、水泥地面或铺有塑料薄膜的地上，上面再覆盖一层塑料薄膜，堆放 1~2 天即可饲喂。注意选用的生石灰应符合卫生条件，各有害物质含量不超过标准。

2. 氢氧化钠碱化法

湿碱化法是将切碎的秸秆装入水池中，用氢氧化钠溶液浸泡后捞出，清洗，直至秸秆没有发滑的感觉，控去残水即可湿饲。池中氢氧化钠可重复使用。

也有把秸秆切碎，按每百千克秸秆用 13%~25%氢氧化钠溶液 30 千克喷洒，边喷边搅拌，使溶液全部被吸收，搅匀后堆放在水泥、石头或铺有塑料薄膜的地面上，上面再罩一层塑料薄膜，几天后即可饲喂。

用氢氧化钠处理（碱化）秸秆，提高了采食量、消化率和牛的日增重，但碱化秸秆使牛饮水量增大，排尿量增加，尿中钠的浓度增加，用其施肥后容易使土壤碱化。

（二）氨化

在作物秸秆中加入一定比例的液氨（无水氨）、氨水、尿素、碳酸氢铵等氨源溶液进行密闭存放，以提高牛羊消化率和营养水平，进而提高秸秆利用价值的处理方法称为秸秆氨化。实验证明，经过氨化处理的秸秆，粗蛋白质含量可提高 100%~150%，由 3%~4%提高到 8%以上，粗纤维含量降低

10%，有机物消化率可提高20%以上，可显著提高牛羊的适口性和消化利用率。

1. 氨化秸秆的原料处理

（1）原料的选用　适用于氨化处理的秸秆多种多样，麦秸（小麦秸、大麦秸、燕麦秸等）、玉米秸、豆秸、高粱秸、稻草、老芒麦、向日葵、油菜秸等均可。收获籽实后要尽快进行氨化处理，避免因在野外暴露时间过长、风化严重，叶片脱落，营养损失；同时防止长期堆积受潮霉变。

（2）秸秆含水量的调整　水是氨的载体。秸秆含水量低，水都吸附在秸秆上，没有足够的水充当氨的载体；含水量过高，不但开窖后需要延长晾晒时间，而且由于氨浓度降低容易引起秸秆发霉变质，影响氨化效果。通常情况下，用于氨化处理的秸秆含水量调整到25%～35%比较合适。但是，一般秸秆的含水量为10%～15%，因此进行氨化处理前必须加水调整。加水的量可用下列公式计算：

$$x = \frac{G(A - B)}{1 - A}$$

式中，x——秸秆中的加水量（千克）；A——氨化秸秆的理想含水量（千克）；B——秸秆原始含水量（千克）；G——氨化所用秸秆量（千克）。

例如，如果氨化含水量为12%的小麦秸1 000千克，要求氨化时麦秸的含水量为35%，需另加水的量为：

$$x = \frac{1\,000(35\% - 12\%)}{1 - 35\%} = 354\text{（千克）}$$

加水时，可用喷雾器将应该加入的水均匀地喷洒在秸秆上，而后再装入氨化设施中；也可在秸秆装窖时洒入。由下向上逐渐增加，以免上层过干，下层积水。

2. 氨化处理秸秆的主要氨源及用量

氨化处理秸秆的主要氨源有液氨（无水氨）、尿素、碳酸氢铵和氨水等。

（1）液氨（无水氨）　液氨是氨的液态形式，含氮量82.3%，是氨化秸秆最经济、效果最好的氨源。风干秸秆中的添加量为3%～5%。用量超过5%，多余的氨则会以游离氨的形式存在于秸秆中，因其特殊的气味影响秸秆的适口性，不利于牛羊采食。

液氨在常温常压下会迅速气化为气体（氨蒸气），因密度比空气小，在草垛中主要向上运动。液氨属有毒易爆危险物品，需要用专用液化氨罐装运，运输、贮存、使用过程中要严格遵守技术操作规程，严防意外事故发生。

（2）尿素　尿素为无臭、无味、易潮解挥发的白色晶体颗粒，是农业生产中经常使用的氮肥，含氮量46.67%，在适宜的温度和脲酶的作用下，可水解出氨用于秸秆氨化，一般用量是风干秸秆重量的2%~5%。由于尿素可以常温下贮存，氨化过程中也不需要液氨那样密闭，使用安全可靠，便于在农村大面积推广使用。但有些秸秆中脲酶含量很低，使用尿素氨化秸秆时效果较差。

氨化秸秆时，可直接从市场上购买农用化肥尿素溶于水中喷洒即可。

（3）碳酸氢铵　俗称碳铵，常用农用化肥的一种，含氮量15%~17%。适宜的温度条件下，1千克碳铵分解释放215克氨，用于氨化秸秆时，使用量为风干秸秆的8%~12%。

使用碳铵氨化秸秆，成本低，方便可靠，而且梅雨季节处理的秸秆霉斑比用尿素处理的秸秆少，牛羊不易引起中毒。但碳铵氨化秸秆的效果不如尿素，而且可增加秸秆的苦咸味，适口性较差。

（4）氨水　是气态氨的水溶液，含有氨、氢氧化铵，易挥发，具有强烈的刺鼻气味，一般浓度20%~35%，含氮量15%左右。氨化秸秆时，常用量（浓度为20%的氨水）为秸秆干物质重量的12%，具体用量应根据氨和风干秸秆含水量来确定。例如，氨化1 000千克风干小麦秸（含水量10%），以3%的氨和秸秆比例计算，需要20%氨水的用量为：

$$20\%\text{氨水的用量} = \frac{1\ 000 \times 3\%}{20\%} = 150\ (\text{千克})$$

如果将需要氨化的小麦秸含水量调整到30%，需要加水的量为x，则：

$$\frac{1\ 000 \times 10\% + 150 \times 80\% + x}{1\ 000 + 150 + x} = 35\%$$

计算后得，$x = 280.8$（升）。

需购买20%浓度的氨水150千克；调制小麦秸到适宜的含水量，需加水280.8升。这样，可以用280.83升水稀释150千克20%的氨水，直接用稀释后的氨水进行小麦秸的氨化处理。

3. 氨化秸秆的处理方法

根据肉牛场的规模、规划、自身生产等实际条件，选择恰当的处理方法。大中型养殖场户可以利用现成的青贮窖作为氨化处理场所，实行窖氨化法，既便于密封，又易贮藏；也可以直接在不易积水、取用方便的平地上堆垛氨化处理；还可以使用氨化炉氨化。小规模养殖场户可以挖土窖（池）氨化、用塑料袋氨化或者缸贮氨化等方法。

氨化秸秆处理方法的关键是氨源的加入，不论使用哪种氨源、采用哪种处理方法，都要掌握以下最佳条件和处理方法（表 3-11）。

表 3-11　秸秆饲料氨化处理的最佳条件和处理方法

氨源	处理方法	最佳条件
液氨	将秸秆扎捆堆垛，塑料薄膜密封，用氨枪在离垛底部以上 0.2 米的位置输入液氨	风干秸秆中添加量 3%～5%，秸秆湿度 15%～20%，按温度变化密闭封存处理 1～8 周（环境温度 4～17℃时 8 周，17～25℃ 4 周。一般按照夏季 10 天，春秋 15 天，冬季 30～45 天处理即可）
	将秸秆装入密闭的废弃房子，加热或不加热均可	不加热时方法同上；加热到 90℃时密闭处理 15 小时，闷炉 5 小时，开启通风，放净余氨后饲喂
尿素	将秸秆铡短贮存于地窖、塑料袋或堆垛，逐层添加尿素	按风干秸秆 2%～5%使用尿素，先溶于少量温水中，再倒入用于调整秸秆含水量的多量水中，均匀喷洒到秸秆上
	饲料厂制颗粒以前，在切碎或磨碎的秸秆中加入尿素	尿素用量 2%～3%，最低处理温度 133℃
碳铵	将秸秆铡短贮存于地窖、塑料袋或堆垛，间隔 0.5 米逐层撒入碳铵；或喷洒稀释后的碳铵溶液	按风干秸秆 8%～12%的量制成水溶液，用调整秸秆含水量的多量水稀释
	饲料厂制颗粒以前，在切碎或磨碎的秸秆中加入碳铵	碳铵占 4%～6%，最低处理温度 133℃
氨水	将秸秆扎捆堆垛，从顶部浇入氨水后，塑料薄膜密封	按风干秸秆 12%的量施加 20%氨水
	将秸秆扎捆堆垛，塑料薄膜密封后插入氨枪，在离垛底部以上 1 米的位置逐层输入氨水，层间距 1.0～1.5 米	按风干秸秆 12%的量施加 20%氨水，按环境温度变化情况处理 1～8 周

（1）窖氨化法

①选址建窖。氨化窖最好建在不易积水、操作和取用方便的地方。氨化窖的设计和青贮窖一样，可地上、可地下，还可半地上、半地下。一般为地下式，开口设在窖顶，口形可长可方。氨化窖可建成长方形，相邻两个窖中间用一堵隔墙隔开，建成双联池更好，这样可轮换氨化秸秆。

窖的大小可根据牛羊的数量、体重以及每年的氨化次数等情况来确定，一般每立方米窖内可装填风干麦秸、玉米秸、稻草等 150 千克左右，按 1 头体重 300 千克的青年牛，每天喂氨化秸秆 7 千克，可大体估算出窖的大小。窖的四周用水泥抹平，底层放上龙骨架，也可以铺设塑料布。

②秸秆处理与氨源准备。要氨化处理的秸秆须无霉变。将秸秆铡短，越是粗硬的秸秆如玉米秸，需要铡得越短，柔软的秸秆相对可以长一点，一般可铡短到 2~3 厘米。

所用的氨源一般是尿素和碳铵，每 100 千克秸秆（干物质）大体需 5 千克尿素或 16.5 千克碳铵，40~50 千克水。在窖外比较平坦的地方，把尿素或碳铵先溶到水里搅拌，然后一层秸秆、一层氨源水，均匀拌好，这是保证氨化秸秆饲料质量的关键。如果同时加 0.5%的盐水（但不增加水的总量），可改善氨化饲料的适口性。

③入窖。将拌好的秸秆分层放入窖内，放一层，踩一层，边装窖边踩实，装填高度要高出地面 0.5 米以上，然后压上龙骨，用塑料薄膜覆盖封严，再压上一层夯土，周围开上一条排水沟，保证氨化窖内不进水、不透气。

④开窖饲喂。秸秆氨化成熟的速度随外界环境气温的升高而加快，一般 4~17℃时贮 8 周，17~25℃贮 4 周。生产实践中，一般按照夏季贮 10 天，春秋季贮 15 天，冬季贮 30~45 天。待秸秆变为黄褐色时氨化即告成熟。此时，即可开窖，清除表面夯土层，揭开薄膜，开启通风。注意开窖取料时，喂多少取多少，随取随封口。

优质的氨化秸秆开窖时有浓烈、刺鼻的氨味，经 2~5 天放净余氨后有浓郁的糊香味，颜色黄褐，手感柔软蓬松，无霉斑、无霉味，无腐烂变质。开始喂肉牛时，应由少到多，少给勤添，先与牧草、谷草、优质青干草等搭配饲喂，1 周后氨化秸秆的饲喂量可提高到粗饲料总量的 30%。应与精料配合饲料搭配使用。

目前，国内已研制出专用秸秆氨化处理机械，通过揉搓与撞击将秸秆纤维纵向裂解，并通过同步化学处理剂的作用，使木质素溶解，半纤维素水解和降解，提高秸秆的可消化利用率。有条件的规模牛羊养殖场户可以使用。

（2）堆垛氨化法

①氨化地址的选择。堆垛氨化的地址，要求地势平整、高燥，不易积水，操作和取用方便。

②秸秆打垛。地面铺设厚度 0.1~0.2 毫米（10~20 丝）的无毒聚乙烯塑料薄膜。秸秆打垛有两种形式，可打捆草垛，也可打散草垛。

捆草垛：先将秸秆用打捆机打成草捆，码成草垛。为方便取用，码垛不要太高，2~3 米为宜，长宽可根据加工秸秆的数量确定，垛顶垛成屋脊形。打垛的同时，在草捆之间放上几根木棍，便于之后通氨，也可直接放上几根多孔的硬塑料管。之后覆盖塑料薄膜，垛顶用砖块、废旧汽车轮胎等压住，用绳网罩紧。草垛边角覆土、压实。

散草垛：直接将风干秸秆切碎、铡短到 3 厘米左右，调整含水量后，放上多孔的塑料管或木棍，便于通氨，然后一层层摊平、压实，堆成高 2 米的方形垛、圆锥形垛，垛顶屋脊形，盖上薄膜，压实罩牢，边角覆土。

③秸秆处理。风干秸秆切碎、铡短，一般长度 3 厘米，玉米秸秆粗硬、高大，还可以铡得更短，1 厘米最好，便于压实。边堆垛边调整含水量，风干秸秆含水量低于 20%时，需要在每个草捆上或铡碎的秸秆上喷水调整到 20%。

④堆垛及注氨。堆垛法适宜用液氨作氨源，特别是大垛。打垛完成后，抽出木棍，换上通氨钢管，或将液氨罐直接和硬塑料管接通，按秸秆重量的 30%通氨。

（3）氨化炉法

①氨化设备。氨化炉是用金属或土建、金属拼装而成的密闭粗饲料氨化设备，可通过人工加热，在短时间内（20~30 小时）快速完成秸秆氨化过程。金属箱式氨化炉、土建式氨化炉和拼装式氨化炉都由炉体、加热装置、空气循环系统和秸秆车（草车）组成。炉体要保温、密闭、耐酸碱腐蚀；加热装置可根据当地实际情况，采用电加热，或用煤炭做燃料，烧水通过水蒸气加热；秸秆车便于秸秆、干草装卸、运输和加热，有铁轮架，能在铁轨上运行，以铁网车最好，便于装运切碎的秸秆。

种植烤烟的地区，也可以使用烤烟炉进行秸秆氨化，以节约设备投资。

②氨化方法。氨化炉氨化秸秆，用碳铵作碳源最经济，也可以用 5%尿素作碳源。碳铵的用量相当于秸秆干物质重量的 8%~12%，溶解在用于调整秸秆含水量（使秸秆含水量达到 45%）的清水中，在炉外均匀喷洒在秸秆上，拌匀后装入秸秆车，推进炉内，把炉门关严后开始加热。电加热时，开启氨化炉上的电热管，温控仪调整到 95℃左右，加热 14~15 小时，切断电源后再闷炉 5~6 小时，然后打开炉门，推出秸秆车，取出秸秆，自由通风，放净余氨后即可饲喂。用煤炭为燃料，使用水蒸气加热时，往往达不到 95℃，可适当延长加热时间。

4. 氨化秸秆的品质检验

氨化秸秆在饲喂牛羊之前，要进行品质检验。

（1）感官评定　秸秆氨化效果的好坏，可通过感官指标进行大体评定。

一般感官评定的项目包括以下内容（表 3-12）。

表 3-12　氨化秸秆品质的感官鉴定

项目	氨化好的秸秆	未氨化好的秸秆	霉变秸秆	腐烂秸秆
颜色	色泽光亮。氨化后的新秸秆呈杏黄色（麦秸）或褐色（玉米秸）；陈秸秆呈黄褐色，暗淡	与氨化前秸秆基本相同，颜色无变化	黑色或棕黑色，有霉斑	呈红色或酱色
气味	刚开启氨味浓烈，放净余氨后有糊香味，或酸面包或发酵酸味，味道越浓品质越好	无氨味或氨味小	霉味	腐烂味
质地	柔软、蓬松，放净余氨后，手握无明显扎手感	手握发硬、扎手	发黏	粘结成块
温度	手插入秸秆，感觉温度比外界高	温度无变化	发热	发热
pH 值	偏碱性，一般为 8.0	偏酸性，pH 值 5.7 左右		

（2）饲喂效果评定　氨化秸秆质量好坏，最终还是要看饲喂效果。将氨化秸秆和未经氨化的秸秆分别饲喂肉牛，比较其适口性、采食量、增重速度、生产性能（产肉）等；有条件的养殖场，可进行肉牛的消化代谢试验，测定秸秆消化率、利用率、营养价值等方面的差别，便可一目了然。

（三）复合化学处理

用尿素单独氨化秸秆时，秸秆有机物消化率不及用氢氧化钠或氢氧化钙碱化处理；用氢氧化钠或氢氧化钙单独碱化处理秸秆虽能显著提高秸秆的消化率，但发霉严重，秸秆不易保存。二者互相结合，取长补短，既可明显提高秸秆消化率与营养价值，又可防止发霉，是一种较好的秸秆处理方法。

复合化学处理与尿素青贮方法相同。根据中国农业大学研究成果得出：秸秆含水量按 40%计算出加水量，按每百千克秸秆干物质计算，分别加尿素和氢氧化钙 2~4 千克和 3~5 千克，溶于所加入的水中，将溶液均匀喷洒于秸秆上，封窖即可。

有资料表明，小麦秸按每 100 千克加入碱法造纸第一次废液 20 千克，均匀喷洒于麦秸上，或按 0.6%加入食盐，再通入 3 千克液氨后进行复合化学处理，可明显提高秸秆中粗蛋白质含量，提高消化率、采食量和日增重等，较普通氨化效果好。

（四）秸秆微贮存技术

将农作物秸秆经机械加工和微生物菌剂发酵处理，并将其贮存在一定设施内的技术也称微贮技术。

微贮饲料的发酵过程是利用生物技术培育出的高效活性微生物复合菌剂，经溶解复活后，兑入浓度为0.8%~1%的盐水中，再喷到加工好的作物秸秆上压实，在嫌气条件下繁殖发酵完成的。高效活性微生物复活菌剂为粉剂，商品名称是秸秆发酵活干菌，是由高效木质纤维分解菌和有机酸发酵菌复合组成的，适合于所有农作物秸秆使用。秸秆发酵活干菌制取秸秆微贮饲料的原理与反刍家畜瘤胃微生物的发酵原理基本相似。

微贮饲料主要用于饲喂牛、羊等反刍家畜。实践表明，微贮后的饲料全面优于没有处理的秸秆，与氨化处理比较，微贮秸秆粗蛋白含量低于氨化秸秆，但采食量和日增重均高于氨化秸秆，成本也比氨化处理低。微贮技术的特点如下。

1. 成本低，效益高

每吨秸秆制成微贮饲料只需用3克秸秆活干菌，而每吨秸秆氨化则需用30~50千克尿素。

2. 消化率高

以营养价值很低的麦秸秆为例，微贮过程处理后，干物质消化率提高24.14%，粗纤维消化率提高43.77%，有机物消化率提高29.4%，麦秸秆微贮饲料干物质的代谢为8.73兆焦/千克，消化能为9.8兆焦/千克。

3. 适口性好，采食量高

秸秆经微贮处理，牛、羊的采食速度可提高40%~43%，采食量可增加20%~40%。

4. 秸秆利用率高

稻草、麦秸、玉米秸、高粱秸、土豆秧、甘薯秧、豆秸等都可制成优质的微贮饲料。此外，还具有可制作季节长，保存期长，无毒无害，制作简便等优点。其作业方法主要有：水泥窖微贮法、土窖微贮法、塑料袋窖内微贮法、压捆窖内微贮法等4种。

（五）物理加工

1. 铡短和揉碎

将秸秆铡成1~3厘米长短，可使食糜通过消化道的速度加快，从而增加了采食量和采食率。以玉米秸为例，喂整株秸秆时，采食率不到40%；将秸秆切短到3厘米时，采食率提高到60%~70%；铡短到1厘米时，采食率提高到90%以上。粗饲料常用揉碎机，如揉搓成柔软的“麻刀”状饲料，可把采食率提高到近100%，而且保持有效纤维素含量。

2. 制粒

把秸秆粉制成颗粒，可提高采食量和增重的利用效率，但消化率并未提高。颗粒饲料质地坚硬，能满足瘤胃的机械刺激，在瘤胃内降解后，有利于微生物发酵及皱胃的消化。草粉的营养价值较低，若能与精料混合制成颗粒饲料，则能获得更好的效果（表3-13）。

牛的颗粒饲料可较一般畜禽的大些。试验表明，颗粒饲料可提高采食量，即使在采食量相同的情况下，其利用效率仍高于长草。但制作过程所需设备多，加工成本高，各地可酌情使用。

表3-13　颗粒饲料配方示例　（克/千克）

玉米秸	玉米粉	豆饼	棉籽饼	小麦麸	磷酸氢钙	食盐	碳酸氢钠
600	125	166	51	33	19	4	2

3. 麦秸碾青

将30~40厘米厚的青苜蓿夹在上下各有30~40厘米厚的麦秸中进行碾压，使麦秸充分吸附苜蓿汁液，然后晾干饲喂。这种方法减少了制苜蓿干草的机械损失和暴晒损失，较完整地保存了其营养价值，而且提高了麦秸的适口性。

4. 秸秆饲料压块

粗饲料压块机可将秸秆、饲草压制成高密度饼块，其压缩比可达1∶5甚至1∶15。这样可大大减少运输与储存空间，若与烘干设备配套使用，可压制新鲜牧草，保持其营养成分不变，并能防止霉变。高密度饲饼用于日常饲喂、抗灾保畜及商品饲料生产均能取得很大的经济效益。压块机可以压制含水率在10%~18%的豆科、禾本科牧草及适合作饲料的农作物秸秆，并可压制某些工业副产品，如作为燃料的木屑等。

5. 秸秆草粉

秸秆粉碎成草粉，经发酵后饲喂牛羊，能作为饲料代替青干草，调剂淡旺季余缺，且喂饲效果较好。

凡不含有毒物质的农作物秸秆及粮棉加工副产品均作为粉碎原料。要求所有原料不发霉，含水率不超过15%。用锤式粉碎机（筛孔直径12~15毫米），将秸秆粉碎，草粉不宜过细，一般长10~20毫米，宽1~3毫米，过细不易反刍，应将各种原料单独粉碎，以便按比例配制。

将粉碎好的禾本科草粉和豆科草粉按3∶1的比例混合，其整个发酵时间为1~1.5天，发酵好的草粉每100千克加入0.5~1千克骨粉，并配入25~30千克的玉米面、麸皮等，充分混合后，便成草粉发酵混合饲料。

第三节　肉牛精饲料及其加工技术

精饲料一般指容重大、纤维成分含量低（干物质中粗纤维含量低于18%）、可消化养分含量高的饲料。主要有谷物籽实（玉米、高粱、大麦等）、豆类籽实、饼粕类（大豆饼粕、棉籽饼粕、菜籽饼粕等）、糠麸类（小麦麸、米糠等）、草籽树实类、淀粉质的块根、块茎瓜果类（薯类、甜菜）、工业副产品（玉米淀粉渣、干酒糟及其可溶物、啤酒糟粕、豆腐渣等）、酵母类、油脂类、棉籽等饲料原料和多种饲料原料按一定比例配制的精料补充料。

一、精饲料原料种类与选购

根据国家颁布的饲料原料目录，肉牛精饲料原料种类主要有能量饲料、蛋白质饲料、矿物质饲料、维生素饲料以及饲料添加剂等。

应选用无毒、无害的饲料原料，同时应注意：不应使用未取得产品进口登记证的境外饲料和饲料添加剂；不应在饲料中使用违禁的药物和饲料添加剂；所使用的工业副产品饲料应来自生产绿色食品和无公害食品的副产品；严格执行《饲料和饲料添加剂管理条例》有关规定；严格执行《农业转基因生物安全管理条例》有关规定。

原料采购过程中要保证采购质量合格的原、副料，采购人员必须掌握和了解原、副料的质量性能和质量标准；订立明确的原料质量指标和赔偿责任合同，做到优质优价。在原料产地，要实地检查原料的感观特性、色泽、比重、粗细度及其生产工艺，充分了解供货方信誉度及原料质量的稳定程度等。要了解本厂的生产使用情况，熟知原料的库存、仓容和用量情况，防止造成原料积压或待料停产，出现生产与使用脱节的局面；原料进厂，须按批次严格检验产地、名称、品种、数量、等级、包装等情况，并根据不同原料确定不同检测项目。

二、精饲料的加工与贮藏

肉牛的日粮由粗饲料和精料组成，在我国粗饲料与国外不同，基本上以农作物秸秆为主，质量较差，因而对精料补充料的营养、品质要求高。肉牛精料补充料的生产工艺流程如图 3-1 所示。

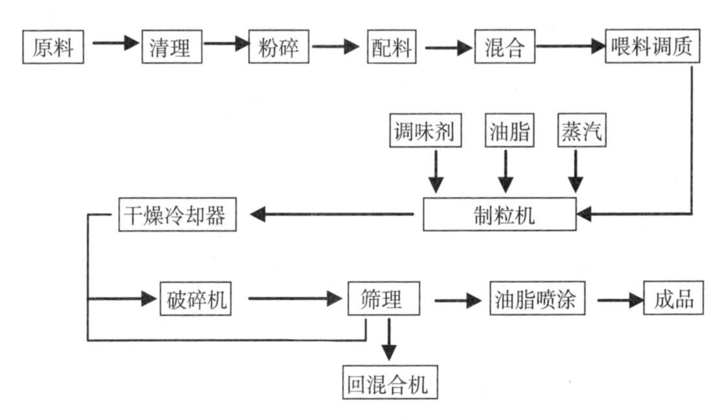

图 3-1　饲料生产工艺流程

（一）清理

在饲料原料中，蛋白质饲料、矿物性饲料及微量元素和药物等添加剂的杂质清理均在原料生产中完成，液体原料常在卸料或加料的管路中设置过滤器进行清理。需要清理的主要是谷物饲料及其加工副产品等，主要清除其中的石块、泥土、麻袋片、绳头、金属等杂物。有些副料由于在加工、搬运、装载过程中可能混入杂物，必要时也需清理。清除这些杂物主要采取的措施：利用饲料原料与杂质尺寸的差异，用筛选法分离；利用导磁性的不同，用磁选法磁选；利用悬浮速度不同，用吸风除尘法除尘。有时采用单项措施，有时采用综合措施。

（二）粉碎

饲料粉碎是影响饲料质量、产量、电耗和成本的重要因素。粉碎机动力配备占总配套功率的 1/3 或更多。常用的粉碎方法有击碎（爪式粉碎机、锤片粉碎机）、磨碎（钢磨、石磨）、压碎、锯切碎（对辊式粉碎机、辊式碎饼机）。各种粉碎方法在实际粉碎过程中很少单独应用，往往是几种粉碎方法联合作用。粉碎过程中要控制粉碎粒度及其均匀性。

（三）配料

配料是按照饲料配方的要求，采用特定的配料装置，对多种不同品种的饲用原料进行准确称量的过程。配料工序是饲料工厂生产过程的关键性环节。配料装置的核心设备是配料秤。配料秤性能的好坏直接影响着配料质量的优劣。配料秤应具有较好的适应性，不但能适应多品种、多配比的变化，而且能够适应环境及工艺形式的不同要求，具有很高的抗干扰性能。配料装置按其工作原理可分为重量式和容积式两种，按其工作过程又可分为连续式和分批式两种。配料精度的高低直接影响到饲料产品中各组分的含量，对肉牛的生产影响极大。其控制要点是：选派责任心强的专职人员把关。每次配料要有记录，严格操作规程，搞好交接班；配料秤要定期校验；每次换料时，要对配料设备进行认真清洗，防止交叉污染；加强对微量添加剂、预混料，尤其是药物添加剂的管理，要明确标记，单独存放。

（四）混合

混合是生产配合饲料中，将配合后的各种物料混合均匀的一道关键工序，它是确保配合饲料质量和提高饲料效果的主要环节。同时在饲料工厂中，混合机的生产效率决定工厂的规模。饲料中的各种组分混合不均匀，将显著影响肉牛生长发育，轻者降低饲养效果，重者造成死亡。

常用混合设备有卧式混合机、立式混合机和锥形混合机。为保证最佳混合效果，应选择适合的混合机，如卧式螺带混合机使用较多，生产效率较高，卸料速度快。锥形混合机虽然价格较高，但设备性能好，物料残留量少，混合均匀度较高，并可添加油脂等液体原料，较适用于预混合；进料时先把配比量大的组分大部分投入机内后，再将少量或微量组分置于易分散处；定时检查混合均匀度和最佳混合时间；防止交叉污染，当更换配方时，必须对混合机彻底清洗；应尽量减少混合成品的输送距离，防止饲料分级。

（五）制粒

随着饲料工业和现代养殖业的发展，颗粒饲料所占的比重逐步提高。颗粒饲料主要是由配合粉料等经压制成颗粒状的饲料。颗粒饲料虽然要求的生产工艺条件较高，设备较昂贵，成本有所增加，但颗粒配合饲料营养全面，免于动物挑食，能掩盖不良气味，减少调味剂用量，在贮运和饲喂过程中可保持均一性，经济效益显著，故得到广泛采用和发展。颗粒形状均匀，表面光泽，硬度适宜，颗粒直径断奶犊牛为 8 毫米，超过 4 个月的肉牛为 10 毫米，颗粒长度是直径的 1.5~2.5 倍为宜；含水率 9%~14%，南方在 12.5% 以下，以便贮存；颗粒密度（比重）将影响压粒机的生产率、能耗、硬度等，硬颗粒密度以 1.2~1.3 克/厘米^2，强度以 0.8~1 千克/厘米^2 为宜；粒化系数要求不低于 97%。

（六）贮存

精饲料一般应贮存于料仓中。料仓应建在高燥、通风、排水良好的地方，具有防淋、防火、防潮、防鼠雀的条件。不同的饲料原料可袋装堆垛，垛与垛之间应留有风道以利通风。饲料也可散放于料仓中，用于散放的料仓，其墙角应为圆弧形，以便于取料，不同种类的饲料用隔墙隔开。料仓应通风良好，或内设通风换气装置。以金属密封仓最好，可把氧化、鼠害和雀害降到最低；防潮性好，避免大气湿度变化造成反潮；消毒、杀虫效果好。

贮存饲料前，先把料房打扫干净，关闭料仓所有窗户、门、风道等，用磷化氢或溴甲烷熏蒸料仓后，即可存放。

精饲料贮存期间的受损程度，由含水量、温度、湿度、微生物、虫害、鼠害等储存条件而定。

1. 含水量

不同精料原料贮存时对含水量要求不同（表 3-14），水分大使会饲料霉菌、仓虫等繁殖。常温下含水量 15%以上时，易长霉，最适宜仓虫活动的含水量为 13.5%以上；各种害虫，都随含水量增加而加速繁殖。

表 3-14　不同精料安全贮存的含水量

精料种类	含水量（%）	精料种类	含水量（%）
玉米	≤12.5	米糠	≤12
稻谷	≤13.5	麸皮	≤13
高粱	≤13	饼类	8~11
大麦	≤12.5		
燕麦	≤13		

2. 温度和湿度

温度和湿度两者直接影响饲料含水量多少（表 3-15），从而影响贮存期长短。另外，温度高低还会影响霉菌生长繁殖。在适宜湿度下，温度低于10℃时，霉菌生长缓慢；高于30℃时，则将造成相当危害。不同温度和不同含水量的精料安全贮存期见表3-16。

表3-15　饲料中水分含量与相对湿度的关系

饲料种类	温度（℃）	相对湿度（%）					
		50	60	70	80	90	100
		水分含量（%）					
苜蓿粉	29	10.0	11.5	13.8	17.4		
米糠	21~27			14.0	18.0	22.7	38.0
大豆	25	8.0	9.3	11.5	14.5	18.8	
骨粉	21~27			14.1	10.8	22.7	38.0

表3-16　不同条件下精料安全贮存期　（天）

温度（℃）	水分含量（%）				
	14	15.5	17	18.5	20
10	256	128	64	32	16
15	128	64	32	16	8
21	64	32	16	8	4
27	32	16	8	4	2
32	16	8	4	2	1
38	8	4	2	1	0

3. 虫害和鼠害

在28~38℃时最适宜害虫生长，低于17℃时，其繁殖受到影响，因此饲料贮存前，仓库内壁、夹缝及死角应彻底清除，并在30℃左右温度下熏蒸磷化氢，使虫卵和老鼠均被毒死。

4. 霉害

霉菌生长的适应温度为5~35℃，尤其在20~30℃时生长最旺盛。防止饲料霉变的根本办法是降低饲料含水量或隔绝氧气，必须使含水量降到13%以下，以免发霉。如米糠由于脂肪含量高达17%~18%，脂肪中的解脂酶可分解米糠中的脂肪，使其氧化酸败不能作饲料；同时，米糠结构疏松，导热不良，吸湿性强，易招致虫螨和霉菌繁殖而发热、结块甚至霉变，因此米糠只宜短期存放。存放时间较长时，可将新鲜米糠烘炒至90℃，维持15分钟，降温后存放。麸皮与米糠一样不宜长期贮存，刚出机的麸皮温度很高，一般在30℃以上，应降至室温再贮存。

第四节　肉牛日粮的配合

日粮是指每头牛每昼夜内所采食的各种饲料。而日粮配合是根据饲养标准的规定为牛配合每天所需要的饲料。

一、日粮配合的原则

①日粮中所含营养物质必须达到牛的营养需要，根据不同个体作相应调整。

②应以青粗饲料为主，精料只用于补充青粗饲料所欠缺的能量和蛋白质。

③日粮组成应多样化，使蛋白质、矿物质、维生素等更全面，以提高日粮的适口性和转化率。

④除满足营养需要外，还应使牛吃饱而又不剩食，将日粮的营养浓度控制在最合理的水平。

⑤必须把轻泻饲料（如玉米青贮、青草、多汁饲料、大豆、大豆饼、麦麸、亚麻仁等）和便秘性饲料（如禾本科干草、各种秸秆、枯草、高粱籽实、秕糠、棉籽饼等）互相搭配。

⑥各种饲料应价格便宜，来源丰富。

⑦饲料中不应含有毒害作用的物质。

二、日粮配合的方法

以配合生长期阉牛日粮为例：一头体重200千克阉牛，计划日增重600克，首先查阅阉牛营养需要量，该牛的营养需要量得该牛日需干物质4.66千克，增重净能3.23兆卡，粗蛋白质497克、钙23克、磷12克。一般育肥牛精料的种类较多，通常按玉米60%、麸皮25%、高粱15%组成临时混合料参加计算，豆饼作为调节粗蛋白水平时用。将参加配合日粮的各饲料及计划日粮干物质中的能量和粗蛋白质数量算出，见表3-17。

表 3-17　配合日粮的饲料及计划日粮营养浓度

项目		每千克混合草中			每千克临时混合料中				每千克豆饼中	计划日粮中含有（已扣除胡萝卜的营养）
		野干草 50%	玉米秸 50%	合计	玉米 60%	麸皮 25%	高粱 15%	合计		
原饲料中含有	干物质（千克）	0.426	0.056	0.882	0.530	0.222	0.137	0.889	0.906	4.540
	增重净能（兆卡）	0.082	0.225	0.310	0.762	0.228	0.174	1.164	1.240	3.070
	粗蛋白质（克）	34.0	35.3	69.3	51.6	36.0	13.9	101.5	430.0	486.0
营养浓度（每千克干物质含有）	增重净能（兆卡）	0.351			1.309				1.369	0.676
	粗蛋白质（克）	78.6			114.2				474.6	107.0

然后按能量需要量计算出计划日粮中精料与粗料之比（以干物质为基础）。采用“对角线”计算法，把计划日粮的能量浓度绝对值 0.676 写在对角线交叉点上，将草、料能量浓度绝对值 0.351 和 1.039 分别写在左侧上下角，再分别将草、料与中央的计划日粮绝对值相减，把差数按对角线方向写在右侧上下角。此两个差数就是计划日粮的干物质中草、料比例，即草：料=0.633：0.325。若换算成计划日粮每千克干物质中混合应占：0.633÷（0.633+0.325）=0.661 千克，而临时混合料为：1-0.661=0.339 千克。接着再计算在上述草、料比例下，粗蛋白质含量：0.661×78.6 克+0.339×114.2 克=90.7 克（每千克干物质中）。这个蛋白质浓度与计划计算日粮蛋白质浓度不同，相差为：107 克-90.7 克=16.3 克，所差 16.3 克粗蛋白质含量 16.3 克。因此，混合料每千克干物质含有粗蛋白质应为：114.2 克+16.3 克÷0.339=162.3 克。

上述混合料粗蛋白质含量 162.3 克只好用豆饼来满足，仍用“对角线”算法计算豆饼用量。即得混合料中临时混合料与豆饼干物质之比为 312.3：48.1，即每千克混合料干物质中，临时混合料为 312.3÷（312.3+48.1）=0.867 千克，豆饼为 1-0.867=0.133 千克。

参照临时混合料的成分，得出混合料干物质中大约含有：豆饼 13.3%，玉米 0.867%×60%= 52.0%，高粱 0.867×15%=13.0%，麸皮 0.867×25%=21.7%。

接着，把上述计算所得日粮干物质应有比例列成表 3-18，然后查饲料营养成分，按各种饲料的干物质含量计算出日喂量（风干基础）和其中各种营养物质含量，以便检查是否还有不足之处。

表 3-18　检查初步配成的日粮

项目		除胡萝卜外，日粮干物质比例			日喂量（千克）	日喂量中含有				
		精粗比（%）	精粗料各自成分（%）	日粮中所占成分（%）		干物质（千克）	增重净能（兆卡）	粗蛋白质（克）	钙（克）	磷（克）
粗料	野干草（秋白草）	66.1	48.3	31.94	1.701	1.449	0.289	115.7	6.97	5.27
	玉米秸		51.7	34.16	1.701	1.551	0.765	119.9	6.63	3.91
精料	玉米	32.5	52.3	16.93	0.907	0.802	1.152	7.80	0.73	1.90
	高粱		13.0	4.23	0.219	0.200	0.254	20.20	0.15	0.70
	麸皮		21.8	7.08	0.379	0.336	0.345	54.50	0.69	2.96
	豆饼		13.1	4.26	0.223	0.202	0.276	95.70	0.71	1.11
胡萝卜					1.0	0.12	0.16	11.0	1.50	0.90
合计						4.66	3.23	495.0	17.40	16.80
与饲养标准比较						0	+0.01	-2.0	-5.6	+4.3

从表中可看出，除钙之外，均符合饲养标准的要求，按钙的差额，可用石灰石粉补充。按石灰石粉的含钙量计算，约每日给 15 克即可满足。同时按食盐的给量，为精料的 0.5%~1.0%，与石灰石粉一起配入精料之中，即混合精料成分为：玉米 51.0%，高粱 12.5%，麸皮 21.4%，豆饼 12.6%，石粉 1.5%，食盐 1%。

根据该牛日需干物质 4.66 千克，分别按其计划给量、日粮干物质比例，换算成风干日粮或鲜样日粮，该牛的日粮为：干草 3.402 千克，其中野干草 1.701 千克，胡萝卜 1 千克，混合精料 1.73 千克。

至此，该头牛的日粮配合完毕。

在生产中，往往按群体配合日粮，其方法和步骤与上述的相同，可用牛群个体平均数作为计算基础算出配方和喂量。在饲喂时，凡体重大或瘦弱牛可多喂些精料，体重小或采食多的牛可不喂。粗料可任意采食，让其吃饱。

第五节　肉牛全混合日粮加工技术

全混合日粮（Total Mixed Ration，TMR）是根据肉牛在不同生长发育和生产阶段的营养需要，按营养专家设计的日粮配方，用特制的搅拌机将粗饲料、青饲料、青贮饲料和精料补充料按比例充分进行搅拌、切割、混合加工而成的一种营养相对平衡的混合饲料。

一、全混合日粮的配制原则

（一）注意适口性和饱腹感

肉牛日粮配制时必须考虑饲料原料的适口性，要选择适口性好的原料，确保肉牛采食量。同时，要兼顾肉牛是否能够有饱腹感，及满足肉牛最大干物质采食量的需要。

（二）满足营养需求

肉牛全混合日粮的配制要符合肉牛饲养标准，并充分考虑实际生产水平。要满足一定体重阶段预计日增重的营养需要，喂量可高出饲养标准的1%~2%，但不应过剩。

（三）适宜精粗比例

肉牛日粮精粗饲料比例根据粗饲料的品质优劣和肉牛生理阶段以及育肥时期不同而有所区别。一般按精粗比（30~70）：（70~30）搭配，确保中性洗涤纤维（NDF）占日粮干物质至少达28%，其中粗饲料的NDF占日粮干物质的21%以上，酸性洗涤纤维（ADF）占日粮18%以上。

（四）原料组成多样化

肉牛日粮原料品种要多样化，不要过于单调，要多种饲料搭配，便于营养平衡、全价。尽量采用当地资源，充分利用下脚料、副产品，以降低饲养成本。

（五）饲料种类保持稳定

避免日粮组成骤变，造成瘤胃微生物不适应，从而影响消化功能，甚至导致消化道疾病。所用饲料要干净卫生，注意各类饲料的用量范围，防止含有有害因子的饲料用量超标。

二、全混合日粮的制作技术

（一）设施与加工设备

1. 设施

（1）饲料搅拌站　要靠近干草棚和精饲料库，搭建防雨遮阳棚，檐高大于 5 米，棚内面积大于 300 米^2；15 厘米加盘水泥地面处理，内部设有精饲料堆放区、副饲料处理及堆放区。部分牛场需在搅拌站堆放青贮饲料，需加大搅拌站面积；各种饲料组分采用人工添加或装载机添加要考虑地面落差，采用二次搬运的牛场搅拌站设计同样要考虑这一问题。

（2）干草棚　干草棚檐高不低于 5 米，面积据饲喂肉牛数量而定，地面硬化。

（3）精料加工车间及精料库　自配料的标准化养殖场需要精饲料加工车间，购买精料补充料的小区可根据饲养规模建设精料库。

（4）青贮设施　青贮设施有青贮塔、青贮窖、青贮壕、青贮袋或用塑料膜打包青贮等，目前新建规模化养殖场多采用地上窖，很适合于移动式 TMR 饲料搅拌车抓取青贮料。

（5）舍门　采用移动式 TMR 搅拌车的养殖场，舍门高度至少 3 米，宽度至少 3 米。采用固定式 TMR 搅拌机，舍门高度至少 2 米，宽度至少 2 米。

（6）饲喂通道　采用移动式 TMR 搅拌车的养殖场，圈舍饲喂通道宽度为 3.8~4.5 米，采用固定式 TMR 搅拌机的养殖场，圈舍饲喂通道宽度为 1.2~1.8 米。

（7）饲槽　高度适宜，方便上料，底面光滑、耐用、无死角，便于清扫。通常采用平地式饲槽。

2. 加工设备

（1）粉碎机　玉米、豆粕等籽实类饲料原料粉碎时选用锤片式饲料粉碎机应符合 JB/T 9822.1 要求。

（2）铡草机　苜蓿、野干草、农作物秸秆等粗饲料原料铡短时选用铡草机应符合 JB/T 9707.1 要求，通常用于铡短干草和制作青贮饲料。块根、块茎类饲料切碎时选用青饲料切碎机应符合 JB/T 7144.1 要求。

（3）饲料混合机　玉米、豆粕等籽实类饲料原料粉碎后混合加工精料补充料选用饲料混合机应符合 JB/T 9820.2 要求。

（4）TMR 搅拌车　TMR 搅拌据外形分立式和卧式，据动力分移动式（自走式、牵引式）和固定式。选择 TMR 设备时要考虑：①以日粮结构组成决定立式和卧式；②以牛舍结构和道路决定固定和移动；③以养殖规模决定搅拌机大小（米^3）：200 头以下 4～6 米^3，200～500 头 8～10 米^3，500～800 头 10～12 米^3，800～1 000头 14～18 米^3；④以经济状况确定全自动、牵引式。

（二）全混合日粮设计

1. 确定营养需要

如根据肉牛分群（生理阶段和生产水平）、体重和膘情等情况，以肉牛饲养标准为基础，适当调整肉牛营养需要。根据营养需要确定 TMR 的营养水平，预测其干物质采食量，合理配制肉牛日粮。

2. 饲料原料选择及其成分测定

根据当地饲草饲料资源情况及可采购原料，选择质优价廉的原料；原料粗蛋白、粗脂肪、粗纤维、水分、钙、总磷和粗灰分的测定分别按照 GB/T 6432、GB/T 6433、GB/T 6434、GB/T 6435、GB/T 6436、GB/T 6437 和 GB/T 6438 进行。

3. 配方设计

根据确定的肉牛 TMR 营养水平和选择的饲料原料，分析比较饲料原料成分和饲用价值，设计最经济的饲料配方。

4. 日粮优化

在满足营养需要的前提下，追求日粮成本最小化。精料补充料干物质最大比例不超过日粮干物质的 60%。保证日粮降解蛋白质（RDP）和非降解蛋白质（UDP）相对平衡，适当降低日粮蛋白质水平。添加保护性脂肪和油籽等高能量饲料时，日粮脂肪含量（干物质基础）不超过 6%。

（三）饲料原料的准备

1. 原料管理

饲料及饲料添加剂按照 NY 5048 执行。精料补充料应符合 SB/T 10261 要求。饲料原料贮存过程中应防止雨淋发酵、霉变、污染和鼠（虫）害。饲料原料按先进先出的原则进行配料，并作出入库、用料和库存记录。

2. 原料准备

玉米青贮：调制青贮饲料，要严格控制青贮原料的水分（65%~70%），原料含糖量要高于3%，切碎长度以2~4厘米较为适宜，快速装窖和封顶，窖内温度以30℃为宜。

干草类：干草类粗饲料要粉碎，长度3~4厘米。

糟渣类：水分控制在65%~80%。

精料补充料：直接购入或自行加工。

饲料卫生：清除原料中的金属、塑料袋（膜）等异物符合饲料卫生标准（GB 13078）要求。

原料质量控制：采用感官鉴定法和化学分析法进行。青贮饲料质量按照青贮饲料质量评定标准评定。精料补充料质量根据SB/T 10261评定。其他参照NY 5048执行。

（四）TMR制作技术

1. 搅拌车装载量

根据搅拌车说明，掌握适宜的搅拌量，避免过多装载，影响搅拌效果。通常装载量占总容积的70%~80%为宜。

2. 原料添加顺序

（1）机械加工　若是立式TMR搅拌车，可按日粮配方设计，将干草、青贮饲料、农副产品和精饲料等原料，按照“先干后湿，先轻后重，先粗后精”的顺序投入TMR设备中。卧式TMR搅拌车的原料填装顺序则为：精料、干草、青贮、糟渣类。通常适宜装载量占总容积的60%~75%。

采用边投料边搅拌的方式，通常在最后一批原料加完后再混合4~8分钟完成，原则是确保搅拌后日粮中大于4厘米长的纤维粗饲料占全日粮的15%~20%。添加原料过程中，防止铁器、石块、包装绳等杂物混入搅拌车。

（2）人工加工制作　将配制好的精饲料与定量的粗饲料（干草应铡短至2~3厘米）经过人工方法多次掺拌，至混合均匀。加工过程中，应视粗饲料的水分多少加入适量的水（最佳水分含量范围为35%~45%）。

三、全混合日粮的使用

1. 效果评价

精粗饲料混合均匀，新鲜不发热、无异味，柔软不结块、无杂物，水分最佳含量范围为35%~45%。

2. 投喂方法

移动式 TMR 搅拌车：使用牵引式或自走式 TMR 设备自动投喂。

固定式 TMR 搅拌车：先用 TMR 设备将各种原料混合好，再用农用车转运至牛舍饲喂，但应尽量减少转运次数。

饲喂时间：每日投料两次，可按照日饲喂量的 50%分早晚投喂，也可按照早 60%、晚 40%的比例投喂。

3. 饲料与管理

原料保证优质、营养丰富；混合好的饲料应保持新鲜，发热发霉的剩料应及时清出，并给予补饲；牛采食完饲料后，应及时将食槽清理干净，并给予充足、清洁的饮水。

第四章　肉牛各阶段优质高效饲养技术

第一节　犊牛优质高效饲养技术

通过对妊娠母牛不同阶段进行优质高效的饲养管理，使其生产出健康强壮的牛犊，同时，对哺乳期牛犊进行科学管理和疾病预防，并及早采取科学的诱食措施，刺激牛犊消化系统的发育，使牛犊及早出现反刍从而实现6月龄断乳。

一、新生犊牛优质饲养管理

新生犊牛一般指从初生到3月龄左右的小牛，由于犊牛受在母体内发育和生后环境影响，极易发生流产、难产、腹泻、肺炎等疾病，造成死亡率较高，因此做好新生犊牛护理，提高犊牛成活率对肉牛养殖至关重要。

（一）妊娠母牛的防护

1. 预防母牛流产

一般预防母牛流产可从疫病控制、饲养管理、微量元素添加、注射保胎药物等多方面采取措施。

（1）重点疫病检测　母牛要加大布鲁氏菌病、病毒性腹泻等易引起牛流产的疫病检测力度，检出阳性牛及时隔离、淘汰及治疗。

（2）保证环境清洁卫生　日常要注意母牛的卫生，认真刷拭，特别是孕牛腹部卫生，防止阴道炎、子宫炎的发生，控制牛舍环境温度，要做好防暑降温工作。

（3）加大对母牛的管理　保证母牛有充足的光照和运动，但怀孕牛在妊娠后期的运动量不可太大，牛舍地面要防滑，怀孕牛避免受挤压、碰撞和鞭打。

（4）饲喂全价饲料　妊娠母牛应以优质青干草及青贮料为主，辅助添加适当的精料和充足的胡萝卜、萝卜等青绿多汁料。要保证维生素A、维生素D、维生素E、维生素B_2、矿物质和微量元素的供给，避免胎儿在发育过程中因营养不足或营养不平衡而死亡。

（5）重点管理　有流产病史的母牛，可根据上次流产的时间，提前15~20天肌内注射黄体酮5~10毫升，隔1日注射1次，建议连用3次或4次。对孕牛用药时，有产生流产副作用的药物禁止使用。

2. 预防难产

母牛难产常由胎儿过大、母牛营养不良或过肥、产位不正等原因引起，一般可采取的预防措施如下。

（1）在母牛配种时要综合考虑母牛的状况　母牛初配年龄一般要达到1.5~2岁，体重超过350千克，符合条件的母牛基本达到体成熟，初产母牛不建议选择体型大的种公牛进行配种。对于达到初配年龄，体重没有达标的牛，要延迟配种时间，实际配种时还要考虑饲养管理情况和适配时间等。

（2）控制母牛的营养水平　在保证母牛摄入足够营养的情况下，临产前尽量让母牛采食低蛋白质的日粮，适当运动，防止犊牛过大挤压产道，导致犊牛不能顺利产出。产前的5~6天可注射少量激素，降低难产的发生概率。

（3）在生产前要对怀孕母牛进行健康程度、子宫收缩度及产道情况检查　发现母牛难产时，要先确定胎儿进入产道的程度，正产或倒产，以及姿势、胎位、胎向变化等情况，根据具体的情况选择合适的助产方法。

3. 预防胎儿畸形

引起犊牛畸形的因素较多，如疫病、饲料霉变、农药等均可引起新生犊牛先天畸形、弯弯腿或脑水肿等症状。预防新生犊牛畸形应做好以下几方面工作。

（1）严格检疫　新引进母牛在隔离期间要及时进行布病、沙门杆菌病、牛病毒性腹泻等易引起犊牛畸形疫病检测。

（2）进行预防接种　对布病和有牛病毒性腹泻流行地区的母牛要定期进行免疫接种，有条件的牛场可从国外购买阿卡班病弱毒疫苗或灭活疫苗，在本病流行季节到来前，对要配种的母牛进行预防性接种。

（3）加强饲料管理　饲料中微量元素要充足、比例要合理，避免因母牛缺乏微量元素特别是锰缺乏引起弱胎、死胎、胎儿肢体弯曲等症状。霉变饲料也可诱发犊牛畸形现象发生，倒伏玉米很容易造成霉菌毒素超标，这类玉米生产的饲料应慎用，即使使用也要做好脱霉处理；夏季梅雨季节进行饲料贮存时要做好通风和防潮处理，管理不当很容易造成饲料中的霉菌滋生，使用前要进行严格检查，一旦出现霉变，要禁止使用。

（4）防吸血昆虫　山区散养牛要杜绝上山放牧，特别是 7—10 月蚊、库蠓等吸血昆虫滋生季节，减少牛群与媒介昆虫接触概率，防止吸血昆虫叮咬带毒牛而感染其他牛群，造成母牛怀孕期感染，使未出生犊牛发生畸形。圈养牛要定期清理粪便，避免蚊、库蠓等吸血昆虫滋生，不定期开展灭蚊、蠓等工作。

（5）加强放牧牛群管理　夏季应用农药进行牧草杀虫处理时，要避免牛群接触牧草；山区进行林木喷洒农药杀虫期间，要禁止上山放牧。

4. 预防疫病

做好疫病的防治工作。对于传染病的预防，应根据当地传染病的流行情况和特点，制定合理的免疫程序，按时接种疫苗。对于寄生虫病的防治，根据当地寄生虫病的流行特点，结合该场的流行情况，针对性地选用广谱驱虫药进行驱虫，每年至少要进行两次。做好牛场内的粪污、废弃物及生活垃圾的管理，防止蚊虫滋生。对于普通疾病，在饲养管理中主要注意和观察每头牛的采食、饮水是否正常，有无病理性临床表现，及时发现生病牛只，进行治疗。除特殊情况外，注意在疫苗接种和药物驱虫时应尽量避开母牛的妊娠前期、后期（配种后 1 个月内和临产前 1 个月），减少药物不良反应、各种应激影响胚胎着床和造成胎儿流产。在对妊娠母牛进行治疗时，尽量避免使用和少用对胎儿有致畸、影响胎儿生长和容易引起胎儿流产的药物和生物制剂。

5. 注意母牛的营养

根据当地饲草资源、各期母牛的营养需要和体重变化情况，合理搭配日粮，保证胎儿的正常发育。在母牛的哺乳期特别在产后，适当增加精料和青绿饲草的投喂量，以使母牛及时恢复体况和有足够的乳汁供给，保证牛犊正常生长。

6. 加强对临产母牛的管理

做好产房、产地的消毒后，铺以柔软、清洁垫料。根据输精记录和观察分娩征兆，临产母牛进入产房和单独在产地内饲养，适当增加观察次数，以便及时发现难产。对发生难产的母牛及时助产，确保母牛及牛犊平安。产后 3~4 天（最好 1 周），母牛及牛犊如能建立良好感情，方可与母牛转出产房或产地。

7. 促进母牛白天产犊

自然情况下，母牛产犊集中在每年的4—5月夜间，照料不周将导致母牛产犊时间过长，容易造成产道感染、生殖道损伤等疾病。此外，还有可能造成新生犊牛假死、孱弱或感冒等。实践证明，让母牛夜间采食，可促进其白天产犊。最普遍的做法是让妊娠最后1个月的母牛在夜间采食，这样既可以促使70%以上的母牛白天产犊，也便于观察产犊过程，有利于实施人工助产，提高犊牛成活率。

（二）初生犊牛的护理

犊牛出生后由于没有与外界接触过，对外界环境抵抗力差，很容易遭受病菌的侵袭，造成发病或死亡。据不完全统计，犊牛出生后第一周死亡的占比达60%～70%。因此，做好新生犊牛的护理，对其后期生长发育至关重要。

1. 做好产前准备

母牛分娩前7～14天应转入产房。产房必须事先用2%火碱水喷洒消毒，然后铺上清洁干燥的垫草。室温最好控制在13～25℃。分娩前母牛后躯和外阴部用2%～3%来苏尔溶液洗刷，然后用毛巾擦干。

2. 做好接产

犊牛出生后，首先清除口腔内及鼻孔内的黏液，要使犊牛头部低于身体其他部位或倒提犊牛几秒钟，使黏液自然流出或人工清除。其次是擦净犊牛体躯上的黏液，避免犊牛受凉。断脐，在未扯断脐带的情况下，可在距犊牛腹部10～12厘米处，用消毒过的剪刀剪断脐带，挤出脐带内残留的血液，再用5%～7%的碘酊充分消毒，以免发生脐炎。

3. 喂食初乳

对于正常分娩的牛犊，如果呼吸等正常，无须进行人工护理。及时让牛犊吃到初乳。通常，牛犊在出生后30分钟内能自行站立，并能自行觅吮母乳。

犊牛每天喂初乳3～5次，每次饲喂量以不超过犊牛体重的10%为宜，全天饲喂量在6～8千克，连喂3～5天。如果母乳不足可喂其他同期分娩的健康母牛的初乳，也可自制人工初乳饲喂。人工初乳配方：1千克常乳中加入5～10毫升青霉素（也可以是等效的其他抗生素）、3个鸡蛋、4毫升鱼肝油混合而成。饲喂时还需要补饲100毫升的蓖麻油，起轻泻作用。

对于少量不能吃到初乳的牛犊，进行必要的人工辅助，帮助牛犊及时吃到初乳。将母牛初乳人工挤到奶桶中，饲喂时人一手持奶桶，一手中指及食指浸入乳中使犊牛吸吮，当犊牛吸吮手指头时，将奶桶提高使犊牛口紧贴牛奶吮吸，这样反复几次，犊牛就可以自己哺乳。

4. 称重编号

犊牛在出生后称重，并进行编号。目前应用比较广泛的是耳标法，即先在耳标上用不褪色的笔写上号码，然后固定在牛的耳朵上。

二、哺乳期犊牛的优质饲养管理

通常，自然生长过程中6月龄时自然断奶，因此0~6月龄阶段的小牛称为犊牛。犊牛体温调节能力差，消化机能不完善，抗病力差，需要加强饲养管理。

（一）饲喂饲养

1. 饲喂常乳

在初乳期过后，5~7天后饲喂常乳，日喂3~4次，一天的喂量可按犊牛体重的6%~10%供给。哺乳期一般为2~3个月。饲喂常乳要注意以下几个问题。

（1）定质　喂给犊牛的奶必须是健康母牛的奶，忌喂劣质奶、变质奶，也不要喂患有乳腺炎母牛的奶。

（2）定量　按体重的8%~10%确定，哺乳期喂2个月时，前7天5千克，8~20天6千克，31~40天5千克，41~50天4.5千克，51~60天3.7千克，全期喂奶300千克。

（3）定时　要固定喂奶时间，严格掌握，不可过早或过晚。

（4）定温　指饲喂乳汁的温度，一般夏天掌握在34~36℃，冬天36~38℃。

（5）定人　不要轻易更换饲喂人员，防止产生应激。

2. 适时补饲

提早训练犊牛吃植物性饲料（包括青草、干草、精料），以增强胃的消化机能。7日龄开始训练采食吃优质干草，将干草放在食槽由其自由采食；10日龄开始训练采食犊牛料，采用喂完奶后用少量精料涂抹鼻镜和嘴唇，或撒少许于料桶内任其舔食，最初10~20克，之后逐渐增加，到1月龄达到250~300克，到2个月达到500~600克；20日龄开始训练采食多汁饲料（胡萝卜、甜菜等），是将切碎的多汁饲料拌入精料中，最初10~20克，2

个月达到 1~1.5 千克；60 日龄开始饲青（黄）贮饲料，最初每天 100 克，之后逐渐增加，3 月龄时可达到 1.5~2 千克。应保证青贮饲料品质优良，防止用酸败、变质及冰冻的青贮饲料饲喂犊牛，以免引起下痢。

3. 供给充足的清洁饮水

犊牛补饲过程中，虽然能从母乳中获得一部分水分，但不能满足正常代谢的需要，需要及时进行补充。最初，给犊牛提供温水，一般 10 日龄内犊牛的饮水温度在 36~37℃，10 日龄以后则可以饮用常温水，但冬、春季不可低于 15℃。要注意饮用水清洁卫生，不可让犊牛饮用冰碴水、污染的水及死水。

（二）管理

1. 保持舒适环境

哺乳期犊牛的生活环境要求做到舒适安静、清洁卫生、通风干燥、冬暖夏凉、阳光充足，防贼风、防潮湿。

要加强卫生管理。哺乳期犊牛应做到一牛一栏单独饲养，犊牛转出后应及时更换犊牛栏褥草、彻底消毒。要经常清扫、消毒牛舍，勤换垫草，保证犊牛生活环境的清洁和干燥。采取必要措施，限制牛犊在牛舍或活动场内活动，避免牛犊在牛场内到处乱窜，防止牛犊在外误舔异物、污物，误饮脏水。定时对牛犊活动场所进行清扫、消毒，防止牛犊误食异物、细菌而发病。犊牛舍每周消毒 1 次，运动场每 15 天消毒 1 次。

2. 去角

犊牛去角可防止相互打斗，也方便管理。

（1）犊牛去角时间　给犊牛去角要掌握好时间，去角时要保证去角成功，但不能对犊牛造成较大的伤害，一般在犊牛 7~10 日龄时开始去角，最晚时间不能超过 20 日龄。否则待犊牛稍大时，它的神经系统发育完全，对于疼痛较为敏感，而且恢复也较慢，易遭受感染，严重时会因疼痛导致出血量大，而造成犊牛死亡。

（2）去角方法

①药物去角法。药物去角法主要是通过药物去角，这种药物主要是氢氧化钠，我国市面上也有专用的犊牛去角膏，较为方便。使用时先将犊牛固定好，不让其大幅度地摆动，将角周围的毛发剔除干净，再进行消毒处理，再将去角膏涂抹在角凸上，操作的人员要戴好防护手套，以免药物伤害自己，另外在涂抹时要注意不要涂抹到犊牛的眼睛、鼻子部位。涂抹后，犊牛会有

稍微的不适，但很快会消失，涂抹药物后，要将去角的犊牛单独饲养三五天，防止其他牛舔舐，一般在一周后牛角就会结痂脱落，且不会重新生长。

②电烙铁去角法。电烙铁去角方法较为快速，适用于大型的养殖场，它使用100瓦电烙铁进行去角，同样地将犊牛固定好，在将电烙铁预热后，在犊牛角的凸点烙下，待角凸点形成凹陷后即可。在烙后的三四天后就会形成痂皮，这时不要人工进行撕痂，让其自行脱落，脱落后牛角的生长基被破坏，不会再重新长角。

（3）去角后管理　在去角后，多多少少会对犊牛造成一定的损害，所以这时要对其加强管理，首先就要保证牛舍的干净卫生，另外一定要安静，以免犊牛受到惊吓，使其快速恢复体质，加强饲喂，提供充足的原料，提高它的抵抗力，做好消毒工作，抑制细菌和微生物的生长繁殖，防止细菌从伤口侵入，造成犊牛感染疾病，及时接种疫苗，做好疾病防疫措施。

3. 去副乳头

在犊牛6月龄之内进行，最佳时间在2~6周，最好避开夏季。先清洗消毒副乳头周围，再轻拉副乳头，沿着基部剪除副乳头，用2%碘酒消毒。

4. 诱食与采食调教

为了避免牛怕人、长大后顶人的现象，饲养人员必须经常抚摸、靠近或刷拭接近牛体，使牛对人有好感。经过训练后，不仅人在场时会大量采食，而且还能诱使犊牛采食没有接触过的饲料。为了消除犊牛皮肤的痒感，应对犊牛进行刷拭，初次刷拭时，犊牛可能因害怕而不安，但经多次刷拭后，犊牛习惯后，即使犊牛站立亦能进行正常刷拭。

5. 腿畸形牛治疗

对于仅前腿（一条腿或两条腿）弯曲，无脑部、脊柱等其他症状的犊牛，可采取物理性矫正疗法进行治疗。

6. 断奶

自然生长情况下，犊牛长到6月龄之前断奶。在应用了人工哺乳技术的情况下，一般实行2~3月龄早期断奶，此时，犊牛已经能每天采食1~1.5千克全价犊牛精饲料补充料。

（1）自然断奶　对随母牛哺乳的犊牛，准备断奶前7天，首先对哺乳母牛停喂精饲料，只喂给干草等粗饲料，使母牛的产奶量逐渐减少；然后将母牛和犊牛彻底分开，放到各自牛舍饲养。对人工哺乳犊牛的断奶，主要是逐渐减少人工乳的喂量，增加补充料和优质饲草的供应，最后过渡到全部用补充料和优质饲草饲喂。

（2）早期断奶　45 日龄起逐步降低液体奶饲喂，促进采食开食料，在 56~60 天内逐步断奶。61 日龄起可自由采食优质干草，以燕麦干草为主。当饲喂口感化开食料（糖蜜、整粒玉米、压片大麦）时不必粗饲。4~6 月龄起饲喂全混合日粮，以苜蓿、燕麦为主，粗蛋白质含量在 17%~18%。断奶后继续在犊牛栏饲喂 1~2 周，然后转入后备牛舍分群饲养，以缓解断奶与环境变化的双重应激。以犊牛断奶日期相近为标准进行分群，以便避免个体大小差异产生排挤现象。转群后小群饲养 1 个月，每栏偶数头，有利于犊牛提高采食量与学习能力。饲养过程中可按照个体大小再调整分群，直至 6 月龄左右。当体高>110 厘米，体重>200 千克时，转入青年牛群。

犊牛出生时间不同，在早期断奶的时间选择上也有差异。通常上半年出生的犊牛早期断奶的时间可以在 45 日龄或稍晚，下半年出生的犊牛可以在 60~90 日龄。

无论是自然断奶还是早期断奶，断奶后都不要改变犊牛原来的生活环境，1 个月内不要改变犊牛料，断奶后最好实行 6~12 头小群饲养。

第二节　育成期肉牛高效饲养技术

育成牛即青年牛，是指断奶后到性成熟配种前的小母牛和做种用之前的公犊牛，年龄阶段一般在 7~18 月龄。

一、育成期肉牛高效饲养的一般要求

（一）牛舍要求

育成期肉牛饲养管理可以相对粗放，因此牛舍建筑设计可采用单坡单列敞开式牛舍。每头牛占地面积 6~7 米^2，跨度 5~6 米。牛床长 1.4~1.6 米，宽 80~100 厘米，斜度 1%~1.5%。

牛舍要求能防风、防潮，夏季防雨、防暑，冬季寒冷地区能防寒、防贼风、防雪。

（二）加强运动光照

保证充足的运动时间，促进育成牛机体的血液循环和新陈代谢，促进育成牛的生长发育。在舍饲条件下，青年牛每天应至少有 2 小时以上的运动。母牛一般采取自由运动；在放牧的条件下，运动时间一般足够。加强育成牛

的户外运动，可使其体壮胸阔，心肺发达，食欲旺盛。如果精料过多而运动不足，容易发胖，体短肉厚个子小，早熟早衰，利用年限短。

要注意控制光照，适量的光照对牛的生长也很重要。紫外线不仅能促进牛体合成维生素 D，还能刺激性激素的分泌，保证繁殖性能。

（三）刷拭和调教

为了保持牛体清洁，促进皮肤代谢和养成温顺的气质，促进育成牛的健康成长，每天应刷拭 1~2 次，每次 5~10 分钟。擦拭时，先用稻草反复摩擦污垢，用刷子刷掉污垢，然后在温水中加入适量食物油去除牛体上的附着物。

（四）充足饮水

要保证供给充足饮水，采食的粗饲料越多，水的消耗量更大。6 月龄时每天供水 15 升，18 月龄时每天供水 40 升。

（五）穿鼻带环

为便于管理，在育成公牛达到 8~10 月龄、役肉兼用牛 7~12 月龄时，应根据饲养以及将来使役管理的需要适时进行穿鼻，并带上鼻环。鼻环应以不易生锈且坚固耐用的金属制成。穿鼻用的工具是穿鼻钳，穿鼻的部位在鼻中隔软骨最薄的地方。穿鼻时将牛保定好，用碘酒将工具和穿鼻部位消毒，然后从鼻中隔正中穿过，在穿过的伤口中塞进绳子或木棍，以免伤口长住。伤口愈合后先带一小鼻环，以后随年龄增长，可更换较大的鼻环。鼻环以不锈钢的为最好。用皮带拴系好，沿公牛额部固定在角基部，不能用缰绳直接拉鼻环。牵引时，应坚持左右侧双绳牵导。对烈性公牛，需用勾棒牵引，由一人牵住缰绳的同时，另一人两手握住勾棒，勾搭在鼻环上以控制其行动。

（六）定期修蹄

从 10 月龄开始，在每年的春秋两季各修蹄 1 次，每周清理 1 次蹄叉。

（七）做好记录

养肉牛时，要做好养牛的生长发育记录。通过这些记录，可以充分了解牛的生长，然后根据牛的生长情况判断当前的营养水平是否合适，做出合理的调整。记录工作应在出生时进行，每月测量 1 次，包括高度、体长和体重。同时要做好发情日期等发情记录，根据每头牛的发情情况制订合理的配种计划。

（八）饲喂管理

1. 保证采食

确保牛群有足够的采食槽位，投放草料时按饲槽长度撒满，能为每头牛提供平等的采食机会。保持饲槽经常有草，每天空槽时间不超过 2 小时。

2. 饲料更换

更换饲料时逐步进行，要有缓冲期。牛瘤胃微生物区系对饲料的适应需要 20~30 天，而过渡期应在 10 天以上，以免影响生长发育及增重。

3. 饲料质量

饲料过筛，防止混杂铁钉、铁丝等金属异物，以免造成网胃心包创伤。另外，要保持饲料新鲜、清洁、无霉烂变质、无农药残留污染。

二、育成期母牛的高效饲养管理

（一）育成期母牛的营养要求

从断奶到周岁前，育成母牛的日粮一般以粗饲料为主，补充少量精料，保持日增长 0.4~0.5 千克。在舍饲条件下，粗饲料应以优质青干草为主，搭配部分青饲料，适当补充混合精料。青粗饲料喂量一般为体重的 1.2%~2.5%，品质良好；混合精料可用玉米 50%~55%、麸皮 20%~25%、豆饼 5%~15%、棉籽饼或花生饼 10%~15%、磷酸氢钙 1.8%、食盐 1.2%、添加剂 2%配合而成，日喂量为体重的 0.8%~1%。在不同的年龄阶段，其生长发育特点和消化能力都有所不同。因此，在饲养方法上也有所区别。

（1）6~12 月龄　这个阶段母牛达到生理上最快生长时期，其前胃十分发达，容积逐渐扩大，因此，除了饲喂粗饲料、青干草和多汁饲料外，每头每日也要补充精饲料 1~1.5 千克，粗饲料日粮，按牛体重 2%左右供给，最好多喂些优质干草。按 100 千克活重计算，每天需要供给玉米青贮 5~6 千克，干草 1.5~2 千克，秸秆 1~2 千克，精料 1~1.5 千克。

（2）13~18 月龄　这个时期的育成牛，消化器官已经基本成熟，日粮应以粗饲料和多汁饲料为主，适当补充精饲料。日粮中，粗饲料占 75%，精饲料占 25%。在饲养中，要控制育成牛的体况，防止育成牛过肥。日粮可由混合料2~2.5千克，秸秆5~6千克（或青干草1.5~3.5千克，玉米青贮15~20千克）组成。

（3）19~24月龄　母牛已配种受胎，生长缓慢下来。在此期间，应以优质干草、青干草、青贮饲料作为基本饲料，精料可以少喂或不喂。到妊娠后期，由于体内胎儿生长迅速，需要适当补充些精料，日喂量2~3千克。如有放牧条件，则应以放牧为主。在良好的牧地上放牧，精料可减少30%~50%，收牧后如未吃饱，仍应补喂一些干草或青绿多汁饲料。

（二）分群饲养

断奶后进入育成期的母牛，应按年龄组群饲养，分群的原则是将年龄和体重大小相近的牛分在一群，月龄差异一般不应超过2个月，体重差异应低于30千克。也可以将7~12月龄的育成牛分在一群，13~18月龄的育成牛分为一群。每群20~30头，不宜过多，如果一个栏内牛群的头数太多，而体重和年龄差别又大，就会产生吃得太好的肥牛和吃不饱的弱牛，强弱、体重差别大，难管理。要观察牛群的大小和群内个体年龄、体重、体况差异等情况，适时进行调整，重新转群。一般在12月龄、18月龄、初配定胎后分别进行3次调整转群。

（三）称重或估重

育成母牛的性成熟与体重关系极大，当体重达到成年母牛体重的40%~50%时，即进入性成熟期；当体重达到成年母牛体重的60%~70%时即体成熟并能配种繁殖。育成牛日增重不足350千克，性成熟会延迟到18~20月龄，影响初配时间。而这些指标是否达到，都必须通过定期称重查看结果才能判断。

鉴于家畜称重或估重是一项重要的管理手段，是标志家畜生长发育程度和家畜生产性能的极为重要的经济指标，因此，称重或估重是饲养者定期要做的工作。称重方法可以采用地磅、磅秤或电子秤直接称量。注意要在早晨喂料或放牧之前进行；如果对该数据要求准确性很高，则应连续两个早晨进行称重，取其平均值视为该家畜的体重。此外做好记录，包括时间、地点、家畜耳号、每次的重量（皮重、毛重等）、称量人员姓名等等，以备日后查询、核对。

由于家畜体重指标非常重要，可以通过测量家畜体尺估测体重（估重）。考虑到家畜体重受体型条件、膘情、饲料种类及人为因素等的影响，估测的体重仍然比不上实际称量的准确，但在没有地磅与地秤的条件下，用同一估测方法所得结果，可作为家畜相互比较的依据，仍然具有实际应用价值。各地设计的估重公式很多，大多运用回归分析的方法，随着影响体重的因素变化，推导出的系数各不相同，这里只介绍较为常用的方法，供参考。

牛体重估测方法

测量体尺，让被测量的牛站在平坦地面上，设法使家畜站立姿势保持端正，用软尺（卷尺）进行操作，测量记录单位用米（m），测定部位如下。

体斜长：从肩胛骨前缘端点至坐骨结节后缘端点的直线距离。

胸围：肩胛骨后缘垂直绕体一周的距离（图 4-1）。

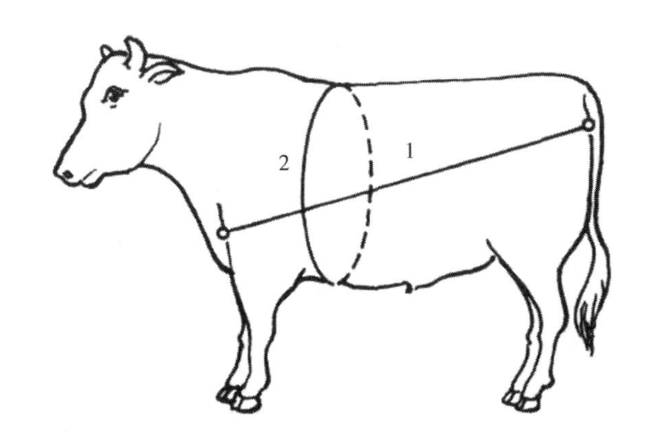

1. 体斜长；2. 胸围

图 4-1　牛体尺测量部位

（1）凯透罗氏法

公式一：体重（千克）= 胸围长度（米）^{2}×体斜长（米）×87. 5

此公式可用于乳牛和乳肉兼用牛。

（2）约翰逊法

公式二：体重（千克）= 胸围长度（厘米）^{2}×体斜长（厘米）÷10 800

此法以往多用于黄牛，此公式所估测的体重与实测重差异较大，故不适用。

公式三：体重（千克）= 胸围长度（厘米）^{2}×体斜长（厘米）÷11 420

此公式估测黄牛（秦川牛）活重的结果，与实重相差均在 5%以下。

上述约翰逊估重公式中的系数（10 800），不适于我国黄牛品种及各种年龄的黄牛。因此必须在实践中进行核对，予以修正，以求得比较适用的系数。制定校正系数的方法是选择体型、大小不整齐，但与被测牛群接近的牛

6~10 头，先用磅秤实测体重，再量体尺按公式之一计算，然后将结果的平均值代入公式三，计算出校正系数，结果取小数后 4 位。

体重估测公式：体重（千克）= 胸围长度（厘米）^{2}×体斜长（厘米）÷估测系数

估测系数=胸围长度（厘米）^{2}×体斜长（厘米）×实际体重（千克）

各种年龄的黄牛，均可按此公式求得其估测系数，可获得与实际体重误差较小的估测体重，比约翰逊公式估测法精确。

个体之间出现差异时，在饲养过程中应及时采取措施加以调整，以便使其同步发育、同期配种。

三、育成期公牛的高效饲养管理

（一）育成期公牛的营养需要

对育成公牛的饲养，应在满足一定量精料的基础上，能自由采食优质精、粗饲料。6~12 月龄，粗饲料以青草为主时，精、粗料在饲料干物质中的比例为 55∶45；以干草为主时，其比例为 60∶40。在饲喂豆科或禾本科优质牧草的情况下，对于周岁以上育成公牛，混合精料中粗蛋白质的含量以 12%左右为宜。在管理上，肉用商品公牛运动量不宜过大，以免因体力消耗太大影响育肥效果。

（二）育成公牛的饲养

育成公牛的生长比育成母牛快，需要的营养物质较多，尤其需要以补饲精料的形式，给肉牛提供足够的营养，以促进生长发育和性欲发展。对种用后备育成公牛，应在满足一定量精料供应的基础上，喂以优质青粗饲料，但在青粗饲料的供应上，应注意控制喂给量，防止形成草腹影响种用性能。非种用后备公牛，可不必控制青粗饲料的喂量，其追求目标是经济效益，要求在低精料饲养条件下，仍能获得较大日增重。

育成种公牛的日粮中，精、粗料的比例依粗料的质量而异。以青草为主时，精、粗料的干物质比例约为 55∶45；以青干草为主时，其比例为 60∶40。在饲喂豆科或禾本科优质牧草的情况下，对于 1 周岁以上的育成公牛，混合精料中粗蛋白质的含量以 12%左右为宜。

育成种公牛的粗料不宜用秸秆、多汁与渣糟类等体积大的粗料，最好用优质苜蓿干草，青贮可少喂些。6 月龄后，日喂量应以月龄乘以 0.5 千克为准；周岁以上，日喂量限量为 8 千克；成年牛限量为 10 千克，以避免出现草腹。另外，酒糟、粉渣、麦秸之类的粗饲料，以及菜籽饼、棉籽饼等饼类饲料，不宜用来饲喂育成种公牛。维生素 A 对睾丸的发育、精子的密度和活力等都有重要影响，应注意补充，不能缺乏。冬春季没有青草时，可使用大麦芽、白菜、萝卜、胡萝卜等饲料，以胡萝卜为例，每头育成种公牛日喂量为 0.5~1 千克即可。日粮中还要补充完善各种矿物质成分。

（三）育成期公牛的管理

1. 分群

从断奶开始，育成公牛即与母牛分开饲养。育成公牛与育成母牛发育不同，对管理条件要求不同，如果公母混养，会造成饲料浪费，影响经济效益；同时，育成公牛活泼好动，其行为容易干扰母牛的成长。

2. 试采精

从 12~14 月龄后即应进行试采精。开始时，每月采精 1~2 次，到 18 月龄时，每周可采精 1~2 次。采精后，及时检查采精量、精子密度、精子活力及有无畸形精子，并试配一些母牛，看后代有无遗传缺陷，以决定是否留作种用。

3. 运动

育成公牛的运动关系到体质健壮，因为育成公牛有活泼好动的特点，加强运动，可以提高体质，增进健康。一般上、下午各进行一次，每次 1.5~2 小时，行走距离为 4 千米，运动方式有旋转架、套爬犁或拉车等，也可在运动场自由运动。实践证明，运动不足或长期拴系，会使公牛性情变坏、体质下降、易患肢蹄病和消化道疾病。但运动过度或使役过劳，公牛的健康和质量同样会受到不良影响。

4. 防疫

同育成母牛一样，对育成公牛也应定期进行驱虫和防疫注射，以防止寄生虫病和传染病造成危害。

第三节　繁殖母牛高效饲养技术

一、妊娠母牛饲养管理

牛群繁殖母牛按照生理状况分为妊娠母牛、泌乳母牛和空怀母牛。生产上，要根据各阶段母牛的生理特点和营养需要，合理进行饲养与管理。

处于妊娠阶段的母牛，不仅本身生长发育需要营养，满足胎儿生长发育也需要大量营养，同时，还要为产后泌乳进行营养蓄积。所以，加强妊娠期母牛的饲养管理，保证充足的营养供给，使其能正常产犊和哺乳，意义重大。妊娠母牛饲养管理的重点，在于保持适宜的体况、做好保胎工作。

（一）妊娠母牛的特点

1. 食欲旺盛

母牛配种 20~30 天后不再发情，证明已经怀孕。怀孕后的母牛食欲旺盛、饮水量增加，被毛逐渐变得光亮，体重增加很快。随妊娠天数增加，孕牛开始喜食矿物质饲料。

2. 性情安静

怀孕母牛表现性情温顺，行动谨慎，举止安静，不乱跑乱跳，喜欢安静的环境。

3. 腹围增大

随妊娠时间延长，妊娠母牛腹围逐渐增大。由于胎儿发育需要大量氧气，而胎儿的增大又会压迫横膈膜，所以，孕牛会出现呼吸加快的表现，并且越到怀孕后期，呼吸加快的现象越明显，呼吸方式也由胸腹式呼吸变为腹式呼吸。

4. 粪尿频繁

妊娠中后期，母牛子宫不断扩大，腹腔容积减少，腹腔中内脏器官承受的压力越来越大，致使排粪排尿量少而频繁。

5. 胎动明显

母牛怀孕中期，乳房明显增大，乳头变粗。母牛怀孕后期（8 个月后），从体表即可看到胎动，胎动在饮用冷水或进食时更加明显。孕牛角上出现环状的凹沟。分娩前有初乳泌出。临产前，尻部陷下，有黏液从阴户流出。

母牛配种后，及时进行妊娠诊断很有必要，可以及时检出未妊娠母牛。一般可在配种后 60~90 天，采用直肠检查法。有条件的养牛场，可在配种后 30~60 天，采用超声波诊断；或在配种后 22~24 天，应用放射免疫或酶联免疫，进行早期妊娠诊断；还可在配种后 30~60 天，取子宫颈口黏液加碱煮沸进行诊断等。

（二）妊娠母牛的饲养

1. 妊娠前期

妊娠前期，是指母牛从受胎到怀孕 26 周这段时间。母牛妊娠初期，由于胎儿生长发育较慢，其营养需求相对较少，一般按空怀母牛进行饲养即可，可以优质青粗饲料为主，适当搭配少量精料补充料。但这并不意味着妊娠前期可以忽视营养物质的供给，若胚胎期胎儿生长发育不良，出生后就难以补偿，不但增重速度减慢，而且饲养成本增加。对怀孕母牛，只要保持中上等膘情即可，如果怀孕母牛过肥，也会影响胎儿的正常发育。

（1）放牧　妊娠前期的母牛，如果是在青草的季节，应尽量延长放牧时间，一般可不补饲；若是在枯草季节，则应根据牧草质量和牛的营养需要，确定补饲草料的种类和数量。孕牛如果长期吃不到青草，维生素 A 缺乏，可用胡萝卜或维生素 A 添加剂来补充，冬季每头每天喂 0. 5～1 千克胡萝卜，另外应补足蛋白质、能量及矿物质。精料补加量每头每天 0. 8～1. 1 千克。精料配比，玉米 50%，糠麸 10%，油饼粕 30%，高粱 7%，石粉 2%，食盐 1%，每千克饲料中另加维生素 A 10 000单位。

（2）舍饲　妊娠期舍饲时，应以青粗料为主，参照饲养标准，合理搭配精饲料。以蛋白质含量较低的玉米秸、麦秸等秸秆饲料为主时，要搭配 1/3～1/2 的优质豆科牧草，再补加饼粕类饲料。没有优质牧草时，每千克补充精料加15 000～20 000单位维生素 A。每昼夜可饲喂 3 次，每次喂量不可过多。采取自由饮水方式，水温应不低于 10℃，严禁饮过冷的水。

2. 妊娠后期

妊娠后期一般指怀孕 27 周到分娩这段时间。此阶段主要以青粗饲料为主，适当搭配少量精料补充料。母牛妊娠最后 3 个月，是胎儿增重最多的时期，这段时间的增重，占犊牛初生重的 70%～80%，胎儿需要从母体吸收大量营养，才能完成发育过程，所以，母牛怀孕后期，营养供应必须充足。同时，产后的泌乳也需要孕期沉积营养，一般在母牛分娩前，至少要增重 45～70 千克，才能保证产犊后的正常泌乳与发情。因此，从妊娠第 5 个月起，就应加强饲养，对中等体重的妊娠母牛，除供给平常日粮外，每日需补加 1. 5 千克精料，妊娠最后两个月，每天应补加 2 千克精料。需要注意的是，万万不可将妊娠母牛喂得过肥，否则，会影响正常分娩，甚至导致难产。

（1）放牧　除了临近产期的母牛，其他母牛均可放牧饲养，放牧不但有利于采食营养丰富的牧草，保证母牛营养全面，同时，还有利于新陈代谢，有利于顺利生产。临近产期的母牛行动不便，放牧易发生意外，最好改为留圈饲养，并给予适当照顾，给予营养丰富、易消化的草料。

（2）舍饲　舍饲的怀孕母牛，应以青粗料为主，合理搭配精饲料。妊娠后期，禁喂棉籽饼、菜籽饼、酒糟等饲料，严禁饲喂变质、腐败、冰冻的饲料，以防引起流产。饲喂次数可增加到每天 4 次，但每次喂量不可过多。自由饮水，水温不低于 10℃。

（三）妊娠母牛的管理

1. 定槽饲养

除放牧母牛外，一般舍饲母牛配种受胎后即应专槽饲养，以免与其他牛抢槽、抵撞，造成损伤、导致流产。

2. 打扫卫生

每日坚持打扫圈舍，保持妊娠母牛圈舍清洁卫生，对圈舍及饲喂用具要定期消毒。

3. 刷拭牛体

每天至少 1 次，每次 5 分钟，以保持牛体卫生。

4. 适当运动

妊娠母牛要适当运动，以增强母牛体质、促进胎儿生长发育，还可防止难产。妊娠后期 2 个月，可适当牵遛孕牛走上、下坡道路，这种运动方式可以促使胎位正常。

5. 料水合适

保证饲料、饮水清洁卫生，不喂冰冻、发霉的饲料，不饮脏水、冰水。要做到“三不”饮水，即清晨不饮、空腹不饮、出汗后不急饮。

6. 注意观察

平时就应注意观察妊娠母牛，妊娠后期的母牛，尤其更应给予过多关照，一旦发现临产征兆，就要估计分娩时间，及时准备接产工作，认真作好产犊记录。

7. 及时接产

产前 15 天，将母牛转入产房，自由活动。母牛分娩时，应左侧位卧倒，用 0.1%高锰酸钾清洗外阴部，出现异常则进行助产。

（四）母牛不孕的原因及解决措施

1. 先天性不孕

很多母牛由于先天性或后天以及遗传的原因，导致生殖器官的异常，或者发育畸形导致不孕。

解决措施：对于先天性的疾病而导致没有生育能力的母牛，建议尽快淘汰，更换新的母牛繁育。

2. 营养性不孕

母牛在生长时需足够的营养，如果饲喂时以粗饲为主，精料的饲喂量不足，或者精料配比不合理，导致母牛营养不良而发生不孕。但如果全部饲喂精料，而草料饲喂量不够，导致营养过剩，同样会导致母牛不孕。

解决措施：科学配制精料，定时定量饲喂精料，保持料槽里有草，青草干草搭配饲喂为最好，一般每天青年母牛喂食粗饲料 4~6 千克，而精料是 3 千克以内。

3. 管理性不孕

圈舍的环境卫生条件差、饲养方法不当这些原因都会引起母牛不孕，还有长期实行拴养模式，导致母牛的运动量少，也会导致不孕。在母牛产仔后，要及时断奶，否则前胎哺乳期较长，母牛身体机能下降，可能会导致下次不孕。

解决措施：做好圈舍的卫生环境，定时定期清扫消毒，做好圈舍的通风工作，增加母牛的运动量，及时断奶。

4. 衰老性不孕

不仅仅是母牛，其他的动物家畜都有这种状况，到了衰老的年龄阶段就会不孕了，这是因为母牛的生殖器官萎缩、生殖机能衰退，所以会不孕。

解决措施：和先天性不育原因一样，及时将衰老的母牛淘汰，更换年轻有活力的母牛。淘汰母牛进行育肥，按照育肥牛的精料饲喂标准去喂，生长速度远超青年牛生长速度，育肥后出售，卖个好价钱。

5. 疾病性不孕

母牛在怀孕和哺乳期这段时间，身体机能下降，较为虚弱，易受疾病的侵扰，最为常见的是流产、死胎引起的子宫、输卵管、卵巢等疾病，还有很多的疾病都会引起母牛不孕。

解决措施：要做好疾病防治工作，尤其在产后的护理，在授精时用生理盐水冲洗母牛的子宫，预防流产、死胎情况。

二、哺乳母牛的高效饲养技术

（一）分娩前后的护理

临近产期的母牛行动不便，应停止放牧和使役。这期间，母牛消化器官受到日益庞大的胎胞挤压，有效容量减少，胃肠正常蠕动受到影响，消化力下降，应给予营养丰富、品质优良、易于消化的饲料。产前半个月，最好将母牛移入产房，由专人饲养和看护，并准备接产工作。

1. 分娩前的变化

母牛分娩前乳房发育迅速，体积增加，腺体充实，乳房膨胀；阴唇在分娩前一周开始逐渐松弛、肿大、充血，阴唇表面皱纹逐渐展开；在分娩前1~2周，母牛骨盆韧带开始软化；分娩前1~2天，阴门有透明黏液流出；产前12~36小时，母牛荐坐韧带后缘变得非常松软，尾根两侧凹陷；临产前母牛表现不安，常回顾腹部，后蹄抬起碰腹部，排粪尿次数增多，每次排出量少，食欲减少或停止。上述征兆是母牛分娩前的一般表现，由于饲养管理、品种、胎次和个体间的差异，往往表现不一致，必须全面观察、综合判断、正确估计。

2. 分娩时的护理

正常分娩母牛可将胎儿顺利产出，不需人工辅助，对初产母牛、胎位异常及分娩过程较长的母牛，要及时进行助产，以保母牛及胎儿安全。

母牛产犊后应喂给温水，在水中加入一小撮盐（10~20克）和一把麸皮，以提高水的滋味，诱使母牛多饮，防止母牛分娩时体内损失大量水分腹内压突然下降、血液集中到内脏而产生“临时性贫血”。

母牛产后易发生胎衣不下、食滞、乳房炎和产褥热等症，应经常观察，发现病牛，及时请兽医治疗。

（二）泌乳母牛的特点

哺乳母牛的主要任务是产奶，供应犊牛生长需要的营养物质。母牛在哺乳期消耗的营养比妊娠后期还多，每产1千克含脂率4%的乳汁，相当于消耗0.3~0.4千克配合饲料的营养物质。1头大型肉用母牛在自然哺乳时，平均日产奶量可达6~7千克，产后2~3个月达到泌乳高峰；本地黄牛产后平均日产奶2~4千克，泌乳高峰多在产后1个月出现，此时若不给母牛增加营养，不但会使泌乳量下降，影响犊牛的生长发育，也会损害母牛的健康。

在哺乳期，母牛能量饲料的需要比妊娠干奶期高出50%，蛋白质、钙、磷的需要量加倍。

营养不足对繁殖力影响明显，必须引起足够的重视。早春产犊母牛，正处于牧地青草供应不足的时期，为保证母牛产奶量，要特别注意泌乳早期（产后70天）的补饲。除补饲作物秸秆、青干草、青贮料和玉米等，每天最好补喂饼粕类蛋白质饲料0.5～1千克。同时注意补充矿物质和维生素，保证母牛产后顺利发情与配种。头胎泌乳的青年母牛，除泌乳需要外，还要满足本身继续生长的营养需要。产后母牛，一定要饲喂品质优良的禾本科及豆科牧草，精料搭配多样化，但也不要大量饲喂精料。

（三）舍饲泌乳母牛的饲养管理

母牛分娩前1个月和产后70天，这是非常关键的100天，饲养得好坏，对母牛的分娩、泌乳、产后发情、配种受胎、犊牛的初生重和断奶重、犊牛的健康和正常发育等，都十分重要。在这个阶段，热能需要量增加，蛋白质、矿物质、维生素需要量均增加，缺乏这些物质，会引起犊牛生长停滞、下痢、肺炎和佝偻病等，严重时还会损害母牛健康。

分娩后的最初几天，母牛身体尚处于恢复阶段，此时食欲不好，消化失调，应限制精料及块根、块茎类料的喂量。如果此期饲养过于丰富，特别是精饲料喂量过多，易加重乳房水肿或发炎，有时钙磷代谢失调发生乳热症等。这种情况在高产母牛比较常见。所以，对产犊后的母牛，应进行适度饲养。

如果母牛体质较弱，则产后3天内只喂优质干草，4天后可喂适量精饲料和多汁饲料，根据乳房及消化系统的恢复状况，逐渐增加给料量，但每天增加料量不超过1千克。待乳房水肿完全消失后，即产后6～7天，可增至正常量。要注意各种营养平衡搭配。

如果母牛产后乳房没有水肿，体质健康、粪便正常，在产犊后第1天，就可喂给多汁饲料，到第6～7天时，便可增加到足够的喂量。

据试验，泌乳母牛每日饲喂3次，日粮营养物质消化率比2次高3.4%，但2次饲喂可降低劳动消耗。有人提议每天饲喂4次，生产中一般以日喂3次为宜。

需要特别注意的是，变换饲料时不宜太突然，一般应有7～10天的过渡期；饲料要清洁卫生，不喂发霉、腐败、含有残余农药的饲料，注意清除混入草料中的金属、玻璃、农膜、塑料袋等异物。

每天刷拭牛体，清扫圈舍，保持圈舍、牛体卫生。夏防暑、冬防寒。拴系缰绳长短适中。

（四）放牧带犊母牛的饲养管理

有放牧条件的地区，对泌乳母牛应以放牧饲养为主。青绿饲料中含有丰富的粗蛋白质、各种维生素、酶和微量元素，放牧期间，充足的运动、经常的阳光浴及牧草中丰富的营养，可促进母牛新陈代谢、改善繁殖机能、提高泌乳量，增强母牛和犊牛的健康。经过放牧，母牛体内血液中血红素含量增加，机体内胡萝卜素和维生素D贮备充足，可明显提高抗病力。

但考虑到母牛的运动量和犊牛的适应能力，放牧带犊母牛时，应尽量选择近牧，同时，参考放牧距离及牧草情况，在夜间适当进行补饲。

一般情况下，放牧地最远不宜超过3千米，放牧地距水源要近；建立临时牛圈时，应避开水道、悬崖边、低洼地和坡下等处；放牧前或放牧时，注意清除牧地中的有毒植物；放牧人员要随身携带蛇药和少量的常用外科药品，一旦发生意外，能有效应对；母牛从舍饲到放牧，要逐步进行，一般需7~8天的过渡期；放牧牛要及时补充食盐，但不能集中补，一般以2~3天补一次为好，每头牛每次用量以20~40克为宜。

三、空怀母牛的高效饲养技术

空怀期母牛不妊娠、不泌乳、无负担，在很多人眼中不是饲养管理的重点，生产上往往被忽视。其实，空怀期母牛的营养状况，直接影响着发情、排卵及受孕情况，如果营养好、体况佳，则母牛发情整齐、排卵数多、繁殖力高。加强空怀期母牛的饲养管理，尤其是配种前的饲养管理，对提高母牛的繁殖力十分关键。

在配种前，繁殖母牛应具有中上等膘情，过瘦或过肥都会影响繁殖。在日常饲养实践中，倘若喂给过多精料而又运动不足，易使牛群过肥导致不发情，在肉用母牛饲养中，这是最常见的现象，必须注意避免。但在饲料缺乏、母牛瘦弱的情况下，也会使母牛不发情而影响繁殖。实践证明，如果母牛前一个泌乳期内给予足够的平衡日粮，同时劳役较轻，管理周到，则能提高母牛的受胎率。瘦弱的母牛，配种前1~2个月加强饲养，适当补饲精料，也能提高受胎率。

母牛发情，应及时配种，防止漏配和失配。对初配母牛，应加强管理，防止野交早配。经产母牛产犊后3周内，要注意观察发情情况，对发情不正常或不发情者，要及时采取措施。一般母牛产后 1~3 个情期，发情排卵比较正常，随着时间的推移，犊牛体重增大，消耗增多，如果不能及时补饲，母牛往往膘情下降，发情排卵受到影响，常会造成暗发情（卵巢上虽有卵泡成熟排卵，但发情征兆不明显），错过发情期，影响受胎率。

母牛空怀的原因，既有先天性因素，也有后天性因素。先天性不孕，大多是母牛生殖器官发育异常（如子宫颈位置不正、阴道狭窄、幼稚病等）引起。避免这类情况，需要加强育种管理，及时淘汰隐性基因携带者。后天性不孕，主要是营养缺乏、饲养管理和使役不当及生殖器官疾病所致，具体应根据不同情况加以处理。

成年母牛因饲养管理不当造成不孕，在恢复正常营养水平后，大多能够自愈。犊牛期由于营养不良以致生长发育受阻，影响生殖器官正常发育造成的不孕，则很难用饲养方法来补救。若育成母牛长期营养不足，则往往导致初情期推迟，初产时出现难产或死胎，也会影响以后的繁殖力。

晒太阳和加强运动，可以增强牛群体质，提高母牛生殖机能。牛舍内通风不良，空气污浊，含氨量超过 20 毫克/米^3，夏季闷热，冬季寒冷，过度潮湿等恶劣环境，都会危害牛体健康，敏感的母牛很快停止发情。因此，改善饲养管理条件十分重要。另外，空怀期的母牛也应作好驱虫和检疫防疫工作。

肉用繁殖母牛以放牧饲养成本最低，目前，国内外多采用此方式，但放牧饲养也有一定的缺点，要注意合理调节、取长补短。

第四节　育肥牛高效饲养与高档牛肉生产技术

一、育肥牛育肥方式

所谓育肥，就是使日粮中的营养成分高于肉牛本身维持和正常生长发育所需，让多余的营养以脂肪的形式沉积于肉牛体内，获得高于正常生长发育的日增重，缩短出栏年龄，达到育肥的目的。对于幼牛，其日粮营养应高于维持营养需要（体重不增不减、不妊娠、不产奶，维持牛体基本生命活动所必需的营养需要）和正常生长发育所需营养；对于成年牛，只要大于维持营养需要即可。

（一）育肥的核心

提高日增重是肉牛育肥的核心问题。日增重会受到不同生产类型、不同品种、不同年龄、不同营养水平、不同饲养管理方式的直接影响。同时，确定日增重的大小，也必须考虑经济效益、肉牛的健康状况等因素。过高的日增重，有时也不太经济。在我国现有生产条件下，最后 3 个月育肥的日增重，以 1~1.5 千克最为经济划算。

（二）育肥的方式

1. 犊牛育肥

犊牛出生后以全乳或代乳品为主要饲料，5~8 月龄内屠宰，生产出肉质鲜嫩、多汁的高档犊牛肉。在缺铁条件下不使用任何其他饲草或饲料生产的肉牛称为“小白牛肉”；适当补饲，同时不限制铁的采食而生产的肉牛成为“小牛肉”。

要吃足初乳，最初几天还要在每千克全乳或代乳品中添加 40 毫克维生素 A、维生素 D、维生素 E。小白牛肉生产时犊牛只能以全乳或代乳品为饲料，并与地面隔离。以代乳品为饲料的饲喂计划见表 4-1。1~2 周代乳品温度为 38℃左右，以后为 30~35℃。

表 4-1　以代乳品为饲料的饲喂计划

周龄	代乳品（千克）	水（千克）
1	0.3	3
2~7	0.6	6
8~11	1.8	12
12 至出栏	3.0	16

以全乳为饲料时，要加喂油脂。饲喂初期应用奶嘴，日喂 2~3 次，日喂量最初 3~4 千克，以后逐渐增加到 6~8 千克，4 周龄可自由采食，使用奶桶饲喂。

通常选择初生重不低于 35 千克，健康状况良好的奶公牛犊。体形上要求方大，前管围粗壮，蹄大。小白牛肉生产时要严格控制饲料和水中铁的含量，控制牛与泥土、草料的接触。牛栏地板采用漏粪地板，如果是水泥地面应加垫料，垫料要用锯末，不要用秸秆、稻草等，以防牛采食。饮水充足，定时定量，犊牛应单独饲养。经常检查体温和采食量，必要时抽血检测血红蛋白含量。

2. 犊牛持续育肥

3~4 月龄断奶后分两阶段进行育肥。第一阶段喂给含粗蛋白质 15%~17%的精料，精料喂量占体重 1%，粗料自由采食，使犊牛在 6 个月龄时体重达 180 千克以上。第二阶段从 7 月龄开始，精补料粗蛋白质降到 12%~15%，精料喂量占体重 1%~1.5%，粗料自由采食，使牛在 12~14 月龄达 400 千克以上的出栏体重。

持续育肥的犊牛散栏或拴系饲养均可，拴系要采用短缰拴系，缰绳长 0.5 米左右。

按年龄和体况进行分群，尽量使同一群牛的年龄和体况保持一致。

同一阶段日粮保持稳定，进入下一阶段换料时要有 7~10 天过渡期。

有条件的可采用全混合日粮饲喂。饲喂要遵循定时定量原则，每日饲喂 2~3 次。喂料后最好 1 小时左右再饮水，每日饮水 2~3 次或自由饮水。

二、牛肉质量控制

（一）牛肉色泽

如果日粮长期缺铁，会使牛血液中铁离子浓度下降，导致肌肉中铁元素分离出来，以补充血液铁的不足，结果使肌肉颜色变淡，但不会损害牛的健康和妨碍增重，所以，补充铁剂，只能在计划出栏前 30~40 天内应用。如果肉牛肌肉色泽过浅（例如母牛），可在日粮中使用含铁高的草料，例如鸡粪再生饲料、番茄、格兰马草、须芒草、阿拉伯高粱、菠萝皮（渣）、椰子饼、红花饼、玉米酒糟、燕麦、亚麻饼、土豆及绿豆粉渣、意大利黑麦青草、燕麦麸、绛三叶、苜蓿等，另外，也可在精料中配入硫酸亚铁等铁制剂，使每千克饲料中铁的含量提高到 500 毫克左右。

（二）脂肪色泽

牛肉大理石花纹的丰富程度，是影响牛肉口感的重要指标，也是美国、中国等国家牛肉质量评定系统中的主要参数之一。实验研究证明，牛肉的脂肪面积比、单位面积上的脂肪颗粒数，与牛肉大理石花纹的丰富程度之间存在显著的相关关系。

脂肪色泽越白，加上与肌肉的亮红色相衬，才越醒目，才能被评为高等级。相反，脂肪越黄，感观越差，会使牛肉等级降低。造成脂肪颜色变黄的原因，主要是由于花青素、叶黄素、胡萝卜素等沉积在脂肪组织中。牛随日龄增大，脂肪组织中沉积的上述色素物质会越多，所以，年龄越大的牛，肌肉颜色也越深。

要想使肉牛肌肉内外脂肪近乎白色，对年龄较大的牛（3 岁以上），可采用含脂溶性色素少的草料作日粮。脂溶性色素物质较少的草料，主要有干草、秸秆、白玉米、大麦、椰子饼、豆饼、豆粕、啤酒糟、粉渣、甜菜渣、糖蜜等，用这类草料组成日粮，饲喂肉牛 3 个月以上，可使脂肪颜色明显变浅。在育肥肉牛出栏前 30 天，最好少用含脂溶性色素多的饲料，如胡萝卜、西红柿、南瓜、彩心甘薯、黄玉米、鸡粪再生饲料、青草青割、青贮、高粱糠、红辣椒、苋菜、各种青草青割等，防止牛肉脂肪色泽不佳。

（三）牛肉风味

牛肉的风味物质，是极其复杂的混合物，由牛肉风味前体物质，经过降解、氧化等一系列复杂的化学反应后生产，如糖类、肽、氨基酸、维生素等发生降解反应，类脂和脂肪酸等发生氧化、脱水、脱羧反应，由此产生一些挥发性与非挥发性物质，这些物质再发生交互作用，最终形成风味化合物。

牛肉中的呈味物质，包括呈甜味的葡萄糖、果糖、核糖、甘氨酸、丙氨酸、丝氨酸、赖氨酸、苏氨酸、脯氨酸、羟脯氨酸等，呈咸味的无机盐类、谷氨酸单钠盐、天门冬氨酸钠等，呈苦味的肌酸、肌酸酐、次黄嘌呤、组氨酸、缬氨酸、蛋氨酸、亮氨酸、异亮氨酸、苯丙氨酸、色氨酸、酪氨酸等，呈鲜味的谷氨酸单钠盐、5′-肌苷酸、5′-鸟苷酸、某些肽类等，呈酸味的天门冬氨酸、谷氨酸、组氨酸、天门冬酰胺、琥珀酸、乳酸、磷酸等。牛肉中的挥发性气味物质有 800 多种化合物，包括碳氢化合物、醇和酚类、醛类、酮类、羧酸类、酯类、内酯类等，其中，碳氢化合物多达 193 种。牛肉加热中产生的风味成分，除与复杂的化学反应过程有关外，还与肉牛的品种、饲料条件以及屠宰、储存、加工条件有关。

牛肉脂肪中饱和脂肪酸含量较多，为增加牛肉中不饱和脂肪酸的含量，特别是增加多不饱和脂肪酸的含量，借以提高牛肉的保健效果，可适量增加以鱼油为原料（海鱼油中富含 ω-3 多不饱和脂肪酸）的钙皂，加入饲料中，一般用量不要超过精料的 3%，以免牛肉有鱼腥味。在牛的配合饲料中，注意平衡微量元素的含量，一方面可以得到 1∶10 以上的增产效益，另一方面还有利于提高牛肉的风味。

三、高档牛肉生产技术

高档牛肉是指通过选用适宜的肉牛品种，采用特定的育肥技术和分割加工工艺，生产出肉质细嫩多汁、肌肉内含有一定量脂肪、营养价值高、风味佳的优质牛肉。虽然高档牛肉占胴体的比例约12%，但价格比普通牛肉高10倍以上。因此，生产高档雪花牛肉是提高养牛业生产水平，增加经济效益的重要途径。

肉牛的产肉性能受遗传基因、饲养环境等因素影响，要想培育出优质高档肉牛，需要选择优良的品种，创造舒适的饲养环境，遵循肉牛生长发育规律，进行分期饲养、强度育肥、适龄出栏，最后经独特的屠宰、加工、分割处理工艺，方可生产出优质高档牛肉。

（一）育肥牛的选择

1. 品种选择

我国一些地方良种如秦川牛、鲁西黄牛、南阳牛、晋南牛、延边牛等具有耐粗饲、成熟早、繁殖性能强、肉质细嫩多汁、脂肪分布均匀、大理石纹明显等特点，具备生产高档牛肉的潜力。以上述品种为母本与引进的国外肉牛品种杂交，杂交后代经强度育肥，不但肉质好，而且增重速度快，是目前我国高档肉牛生产普遍采用的品种组合方式。但是，具体选择哪种杂交组合，还应根据消费市场而决定。若生产脂肪含量适中的高档红肉，可选用西门塔尔、夏洛莱和皮埃蒙特等增重速度快、出肉率高的肉牛品种与国内地方品种进行杂交繁育；若生产符合肥牛型市场需求的雪花牛肉，则可选择安格斯或和牛等作父本，与早熟、肌纤维细腻、胴体脂肪分布均匀、大理石花纹明显的国内优秀地方品种，如秦川牛、鲁西牛、延边牛、渤海黑牛、复州牛等进行杂交繁育。

2. 良种母牛群组建

组建秦川牛、鲁西牛等地方品种的母牛群，选用适应性强、早熟、产犊容易、胴体品质好、产肉量高、肌肉大理石花纹好的安格斯牛、和牛等优秀种公牛冻精进行杂交改良，生产高档肉牛后备牛。

3. 年龄与体重

选购育肥后备牛年龄不宜太大，用于生产高档红肉的后备牛年龄一般在7~8月龄，膘情适中，体重在200~300千克较适宜。用于生产高档雪花牛肉的后备牛年龄一般在4~6月龄，膘情适中，体重在130~200千克比较适宜。如果选择年龄偏大、体况较差的牛育肥，按照肉牛体重的补偿生长规律，虽然在饲养期结束时也能够达到体重要求，但最后体组织生长会受到一定影响，屠宰时骨骼成分较高，脂肪成分较低，牛肉品质不理想。

4. 性别要求

公牛体内含有雄性激素是影响生长速度的重要因素，公牛去势前的雄性激素含量明显高于去势后，其增重速度显著高于阉牛。一般认为，公牛的日增重高于阉牛 10%~15%，而阉牛高于母牛 10%。就普通肉牛生产来讲，应首选公牛育肥，其次为阉牛和母牛。但雄性激素又强烈影响牛肉的品质，体内雄性激素越少，肌肉就越细腻，嫩度越好，脂肪就越容易沉积到肌肉中，而且牛性情变得温顺，便于饲养管理。因此，综合考虑增重速度和牛肉品质等因素，用于生产高档红肉的后备牛应选择去势公牛；用于生产高档雪花牛肉的后备牛应首选去势公牛，母牛次之。

（二）育肥后备牛培育

1. 犊牛隔栏补饲

犊牛出生后要尽快让其吃上初乳。出生 7 日龄后，在牛舍内增设小牛活动栏与母牛隔栏饲养，在小犊牛活动栏内设饲料槽和水槽，补饲专用颗粒料、铡短的优质青干草和清洁饮水；每天定时让犊牛吃奶并逐渐增加饲草料量，逐步减少犊牛吃奶次数。

2. 早期断奶

犊牛 4 月龄左右，每天能吃精饲料 2 千克时，可与母牛彻底分开，实施断奶。

3. 育成期饲养

犊牛断奶后，停止使用颗粒饲料，逐渐增加精料、优质牧草及秸秆的饲喂量。充分饲喂优质粗饲料对促进内脏、骨骼和肌肉的发育十分重要。每天可饲喂优质青干草 2 千克、精饲料 2 千克。6 月龄开始可以每天饲喂青贮饲料 0.5 千克，以后逐步增加饲喂量。

（三）育肥饲养

1. 育肥前准备

（1）驱虫、健胃、防疫　从外地选购的犊牛，育肥前应有 7~10 天的恢复适应期。育肥牛进场前应对牛舍及场地清扫消毒，进场后先喂点干草，再及时饮用新鲜的井水或温水，日饮 2~3 次，切忌暴饮。按每头牛在水中加

0.1千克人工盐或掺些麸皮效果较好。恢复适应后，可对后备牛进行驱虫、健胃、防疫。

（2）去势　用于生产高档红肉的后备牛去势时间以10～12月龄为宜，用于生产高档雪花牛肉的后备牛去势时间以4～6月龄为宜。应选择无风、晴朗的天气，采取切开去势法去势。手术前后碘酊消毒，术后补加一针抗生素。

（3）称重、分群　按性别、品种、月龄、体重等情况进行合理分群，佩戴统一编号的耳标，做好个体记录。

2. 育肥牛饲料原料

肉牛饲料分为两大类，即精饲料和粗饲料。精饲料主要由禾本科和豆科等作物的籽实及其加工副产品为主要原料配制而成，常用的有玉米、大麦、大豆饼（粕）、棉籽饼（粕）、菜籽饼（粕）、小麦麸皮、米糠等。精饲料不宜粉碎过细，粒度应不小于“大米粒”大小，牛易消化且爱采食。粗饲料可因地制宜，就近取材。晒制的干草，收割的农作物秸秆如玉米秸、麦秸和稻草，青绿多汁饲料如象草、甘薯藤、青玉米以及青贮料和糟渣类等，都可以饲喂肉牛。

3. 育肥期饲料营养

（1）高档红肉生产育肥　饲养分前期和后期两个阶段。

①前期（6～14月龄）。推荐日粮：粗蛋白质为14%～16%，可消化能3.2～3.3兆卡/千克，精料干物质饲喂占体重的1%～1.3%，粗饲料种类不受限制，以当地饲草资源为主，在保证限定的精饲料采食量的条件下，最大限度供给粗饲料。

②后期（15～18月龄）。推荐日粮：粗蛋白质为11%～13%，可消化能3.3～3.6兆卡/千克，精料干物质饲喂量占体重的1.3%～1.5%，粗饲料以当地饲草资源为主，自由采食。为保证肉品风味，后期出栏前2月内的精饲料中玉米应占40%以上，大豆粕或炒制大豆应占5%以上，棉粕（饼）不超过3%，不使用菜籽饼（粕）。

（2）大理石花纹牛肉生产育肥　饲养分前期、中期和后期3个阶段。

①前期（7～13月龄）。此期主要保证骨骼和瘤胃发育。推荐日粮：粗蛋白质12%～14%，可消化能3～3.2兆卡/千克，钙0.5%，磷0.25%，维生素A 2 000国际单位/千克。精料采食量占体重1%～1.2%，自由采食优质粗饲料（青绿饲料、青贮等），粗饲料长度不低于5厘米。此阶段末期牛的理想体型是无多余脂肪、肋骨开张。

②中期（14～22 月龄）。此期主要促进肌肉生长和脂肪发育。推荐日粮：粗蛋白质 14%～16%，可消化能 3.3～3.5 兆卡/千克，钙 0.4%，磷 0.25%。精料采食量占体重 1.2%～1.4%，粗饲料宜以黄中略带绿色的干秸秆（麦秸、玉米秸、稻草、采种后的干牧草等）为主，日采食量在 2～3 千克/头，长度 3～5 厘米。不饲喂青贮玉米、苜蓿干草。此阶段牛外貌的显著特点是身体呈长方形，阴囊、胸垂、下腹部脂肪呈浑圆态势发展。

③后期（23～28 月龄）。此期主要促脂肪沉积。推荐日粮：粗蛋白质 11%～13%，可消化能 3.3～3.5 兆卡/千克，钙 0.3%，磷 0.27%。精料采食量占体重 1.3%～1.5%，粗饲料以黄色干秸秆（麦秸、玉米秸、稻草、采种后的干牧草等）为主，日采食量在 1.5～2 千克/头，长度 3～5 厘米。为了保证肉品风味、脂肪颜色和肉色，后期精饲料原料中应含 25%以上的麦类、8%以上的大豆粕或炒制大豆，棉粕（饼）不超过 3%，不使用菜籽饼（粕）。此阶段牛体呈现出被毛光亮，胸垂、下腹部脂肪浑圆饱满的状态。

（四）育肥期管理

1. 小围栏散养

牛在不拴系、无固定床位的牛舍中自由活动。根据实际情况每栏可设定 70～80 米^2，饲养 6～8 头牛，每头牛占有 6～8 米^2 的活动空间。牛舍地面用水泥抹成凹槽形状以防滑，深度 1 厘米，间距 3～5 厘米；床面铺垫锯末或稻草等廉价农作物秸秆，厚度 10 厘米，形成软床，躺卧舒适，垫料根据污染程度 1 个月左右更换 1 次。也可根据当地条件采用干沙土地面。

2. 自由饮水

牛舍内安装自动饮水器或设置水槽，让牛自由饮水。饮水设备一般安装在料槽的对面，存栏 6～10 头的栏舍可安装两套，距离地面高度为 0.7 米左右。冬季寒冷地区要防止饮水器结冰，注意增设防寒保温设施，有条件的牛场可安装电加热管，冬天气温低时给水加温，保证流水畅通。

3. 自由采食

育肥牛日饲喂 2～3 次，分早、中、晚 3 次或早、晚 2 次投料，每次喂料量以每头牛都能充分得到采食，而到下次投料时料槽内有少量剩料为宜。因此，要求饲养人员平时仔细观察育肥牛采食情况，并根据具体采食情况来确定下一次饲料投入量。精饲料与粗饲料可以分别饲喂，一般先喂粗饲料，后喂精饲料；有条件的也可以采用全混合日粮（TMR）饲养技术，使用专门的全混合日粮（TMR）加工机械或人工掺拌方法，将精粗饲料进行充分混合，配制成精、粗比例稳定和营养浓度一致的全价饲料进行喂饲。

4. 通风降温

牛舍建造应根据肉牛喜干怕湿、耐冷怕热的特点，并考虑南方和北方地区的具体情况，因地制宜设计。一般跨度与高度要足够大，以保证空气充分流通同时兼顾保温需要，建议单列舍跨度 7 米以上，双列舍跨度 12 米以上，牛舍屋檐高度达到 3.5 米。牛舍顶棚开设通气孔，直径 0.5 米、间距 10 米左右，通气孔上面设有活门，可以自由关闭；夏季牛舍温度高，可安装大功率电风扇，风机安装的间距一般为 10 倍扇叶直径，高度为 2.4~2.7 米，外框平面与立柱夹角 30°~40°，要求距风机最远牛体风速能达到约 1.5 米/秒。南方炎热地区可结合使用舍内喷雾技术，夏季防暑降温效果更佳。

5. 刷拭、按摩牛体

坚持每天刷拭牛体 1 次。刷拭方法是饲养员先站在左侧用毛刷由颈部开始，从前向后，从上到下依次刷拭，中后躯刷完后再刷头部、四肢和尾部，然后再刷右侧。每次 3~5 分钟。刷下的牛毛应及时收集起来，以免让牛舔食而影响牛的消化。有条件的可在相邻两圈牛舍隔栏中间位置安装自动万向按摩装置，高度为 1.4 米，可根据牛只喜好随时自动按摩，省工省时省力。

（五）适时出栏

用于高档红肉生产的肉牛一般育肥 10~12 个月、体重在 500 千克以上时出栏。用于高档雪花牛肉生产的肉牛一般育肥 25 个月以上、体重在 700 千克以上时出栏。高档肉牛出栏时间的判断方法主要有两种。

一是从肉牛采食量来判断。育肥牛采食量开始下降，达到正常采食量的 10%~20%；增重停滞不前。

二是从肉牛体型外貌来判断。通过观察和触摸肉牛的膘情进行判断，体膘丰满，看不到外露骨头；背部平宽而厚实，尾根两侧可以看到明显的脂肪突起；臀部丰满平坦，圆而突出；前胸丰满，圆而大；阴囊周边脂肪沉积明显；躯体体积大，体态臃肿；走动迟缓，四肢高度张开；触摸牛背部、腰部时感到厚实，柔软有弹性，尾根两侧柔软，充满脂肪。

四、小白牛肉生产技术

将犊牛进行育肥，是指用较多数量的奶饲喂犊牛，并将哺乳期延长到 4~7 月龄，断奶后即可屠宰。育肥的犊牛肉，粗蛋白质比一般牛肉高 63%，脂肪低 95%，犊牛肉富含人体所必需的各种氨基酸和维生素。因犊牛年幼，其肉质细嫩，肉色全白或稍带浅粉色，味道鲜美，带有乳香气味，故有“小白牛肉”之称，其价格高出一般牛肉 8~10 倍。

小白牛肉的生产，在荷兰较早，发展很快，其他如欧盟、德国、美国、加拿大、澳大利亚、日本等国也都在生产，现已成为大宾馆、饭店、餐厅的抢手货，成为一些国家出口创汇和缓解牛奶生产过剩、有效利用小公牛的新途径。在我国，进行小白牛肉生产，可满足星级宾馆、高档饭店对高档牛肉的需要，是一项具有广阔发展前景的产业。

（一）犊牛在育肥期的营养需要

犊牛育肥时，由于其前胃正在发育过程中，消化粗饲料的能力十分有限，因此，对营养物质的要求比较严格。初生时所需蛋白质全为真蛋白质，肥育后期真蛋白质仍应占粗蛋白质的 90%以上，消化率应达 87%以上。

（二）犊牛育肥方法

育肥犊牛品种应选择夏洛莱、西门塔尔、利木赞或黑白花等优良公牛与本地母牛杂交改良所生的杂种犊牛。优良肉用品种、肉乳兼用和乳肉兼用品种犊牛，均可采用这种育肥方法生产优质牛肉。但由于代谢类型和习性不同，乳用品种犊牛在育肥期较肉用品种犊牛的营养需要高约 10%，才能取得相同的增重；而选作育肥用的乳牛公犊，要求初生重大于 40 千克，还必须健康无病、头方嘴大、前管围粗壮、蹄大坚实。

初生犊牛，采用随母哺乳或人工哺乳方法饲养，保证及早和充分吃到初乳；3 天后，完全人工哺乳；4 周前，每天按体重的 10%~12%喂奶；5~10 周龄时，喂奶量为体重的 11%；10 周龄后，喂奶量为体重的 8%~9%。

1. 优等白肉生产

单纯以奶作为日粮，适合犊牛的消化生理特点。在幼龄期，只要注意温度和消毒，特别是喂奶速度要合适，一般不会出现消化不良等问题。但在 15 周龄后，由于瘤胃发育、食管沟闭合不如幼龄牛，更须注意喂奶速度要慢一些。从开始人工喂奶到肉牛出栏，喂奶的容器外形与颜色必须一致，以强化食管沟的闭合反射。发现粪便异常时，可减少喂奶量，掌握好喂奶速度。恢复正常时，逐渐恢复喂奶量。为抑制和治疗痢疾，可在奶中加入适量抗生素，但在出栏前 5 天，必须停止使用，防止牛肉中有抗生素残留。5 周龄以后采取拴系饲养。一般饲养 120 天，体重达到 150 千克即可出栏。育肥方案见表 4-2。

表 4-2　利用荷斯坦公犊全乳生产白肉方案

周龄	体重（千克）	日增重（千克）	日喂奶量（千克）	日喂次数
0~4	40~59	0.6~0.8	5~7	3~4
5~7	60~79	0.9~1.0	7~8	3
8~10	80~100	0.9~1.1	10	3
11~13	101~132	1.0~1.2	12	3
14~16	133~157	1.1~1.3	14	3

2. 一般白肉生产

单纯用牛奶生产“白肉”成本太高，为节省成本，可用代乳料饲喂 2 月龄以上的肥犊。但用代乳料会使肌肉颜色变深，所以，代乳料的组成，必须选用含铁低的原料，并注意粉碎的细度。犊牛消化道中缺乏蔗糖酶，淀粉酶量少且活性低，故应减少谷实用量，所用谷实最好经膨化处理，以提高消化率、减少拉稀等消化不良现象发生。选用经乳化的油脂，以乳化肉牛脂肪（经 135℃以上灭菌）效果最好。代乳料最好煮成粥状（含水 80%~85%），待温度达到 40℃时饲喂。若出现拉稀或消化不良，可加喂多酶、淀粉酶等进行治疗，同时适当减少喂料量。用代乳料增重效果不如全乳。饲养方案见表 4-3，代乳料配方见表 4-4。

表 4-3　用全乳和代乳料生产白肉饲养方案　（千克）

周龄	体重	日增重	日喂奶量	日代乳料	日喂次数
0~4	40~59	0.6~0.8	5~7	—	3~4
5~7	60~77	0.8~0.9	6	0.4（配方 1）	3
8~10	77~96	0.9~1.0	4	1.1（配方 1）	3
11~13	97~120	1.0~1.1	0	2.0（配方 2）	3
14~17	121~150	1.0~1.1	0	2.5（配方 2）	3

表 4-4　生产白肉的代乳料配方示例　（%）

配方号	熟豆粕	熟玉米	乳清粉	糖蜜	酵母蛋白粉	乳化脂肪	食盐	磷酸氢钙	赖氨酸	蛋氨酸	多维	微量元素	鲜奶香精或香兰素
1	35	12.2	10	10	10	20	0.5	2	0.2	0.1	适量	适量	0.01~0.02
2	37	17.5	15	8	10	10	0.5	2	0	0			

注：两配方的微量元素不含铁。

育肥期间，日喂3次，自由饮水，夏季饮凉水，冬春季饮温水（20℃左右），要严格控制喂奶速度、奶的卫生与温度，防止发生消化不良。若出现消化不良，可酌情减少喂料量，适当进行药物治疗。应让犊牛充分晒太阳和运动，若无条件进行日光浴和运动，则每天需补充维生素D 500~1 000单位。饲养至5周龄后，应拴系饲养，尽量减少犊牛运动。根据季节特点，做好防暑保温。经180~200天的育肥，体重达到250千克时，即可出栏。因出栏体重小，提供净肉少，所以，“白肉”投入成本高，市场价格昂贵。

处于强烈生长发育阶段的育成牛，育肥增重快、育肥周期短、饲料报酬高，经过直线强度育肥后，牛肉鲜嫩多汁、脂肪少、适口性好，同样也是高档产品。只要对育成牛进行合理的饲养管理，就可以生产大量仅次于“小白牛肉”、品质优良、成本较低的“小牛肉”。所以，生产上更多的是利用育成牛进行育肥。

五、架子牛育肥

在一般情况下，认为12月龄以上的肉牛称为架子牛。只有12~24月龄的架子牛才能生产出高档的牛肉来。

（一）架子牛的选择

待育肥的架子牛，最好选择本地牛、鲁西黄牛及其杂交后代为最好，其肉质色泽红润，味道鲜美，很受欢迎。优种肉牛与本地母牛的杂交改良牛，生长速度快，出肉率高，但肉质疏松。1~2周岁，体重200~300千克的架子牛；没去势的公牛、阉牛育肥效果最好。

待育肥的架子牛应该是健康的。外观牛的鼻镜潮湿，双目明亮，结膜为浅红色，双耳灵活，行动自然；被毛光亮，富有弹性；食欲旺盛，反刍正常，采食后多喜欢将两前肢屈于体下卧地；粪便多呈软粥样，尿色微黄；体温在38~39℃。买时要注意有当地畜牧兽医站开具的检疫证。

注意考察选购架子牛地区的气温、饲草饲料品种以及饲养管理方法、价格等情况，以便育肥时参考，避免出现应激反应和不应有的经济损失。

（二）育肥牛的环境要求

虽然牛有较强的适应性。但是，如果气温低于-30℃或高于27℃时，就会有较强的不良反应。牛生长的最适宜温度4~18℃，即春秋季节。用一个桩、一根绳、3米^{2}的地方便可养一头牛，搭一个简单牛棚，能遮风挡雨即可。夏季要在凉棚下或树阴下钉桩拴牛。冬季不取暖，但要保持干燥，无贼风，特别防止牛腹下有水、冰、雪、尿等脏物。冬天每天 9: 00—15: 00 尽量将牛拴在面向南方晒太阳。

要做到“六净”，即草、料、水、槽、圈、体的清洁卫生，饲料槽要每天刷。

（三）抓好适时过渡期

一般情况下，买来的牛大部分来自牧区、半牧区和千家万户，又经过长途运输，草料、气候、自然环境都发生了很大变化。所以要注意过渡期的饲养管理。其方法如下。

①对刚买的牛进行称重，按体重大小和健康状况分群饲养。

②前 1~2 天不喂草料，只饮水，适量加盐，目的是调理肠胃，促进食欲。适应过渡一般为 15 天左右。在这段时间内，前一星期只喂草不喂料，以后逐渐加料，每头牛每天喂精料 2 千克，主要是玉米面，不喂饼类。

③买来的牛在 3~5 天时进行一次体内外驱虫。方法一：敌百虫，每千克体重 0.08 克，研细混水 1 次内服，每天 1 次，连用 2 天。方法二：左旋咪唑，每千克体重 6 毫克，研细内服，每天 1 次，连服 2 天。

④在长途运输架子牛前，可肌内注射维生素 A、维生素 D、维生素 E，或内服维生素 C，以增加牛的抗应激能力。

（四）科学饲养管理

架子牛经过 3 个月左右的饲养就可出栏，体重可达 550 千克。在整个育肥期坚持做到以下几点。

1. 科学饲养

架子牛育肥可分为 3 个阶段，即育肥前期（适应期）、育肥中期（育肥过渡期）和育肥后期（突击催肥期）。

（1）育肥前期　需 15 天左右。主要以氨化秸秆和青贮玉米秸秆为粗饲料，并结合本地实际加喂精饲料。饲喂方法为：氨化秸秆或青贮玉米秸秆自由采食，饮水供应充足，从第 2 天开始逐渐加喂精料，以后迅速增加，到前期结束时，每天饲喂精料可达 2 千克左右；或混合精料按体重 0.8%投给，平均每天约 1.5 千克。精料配方：玉米粉 45%、麦麸 40%、饼类 10%、骨粉 2%、尿素 2%、食盐 1%，另外每千克饲料添加两粒鱼肝油。

（2）育肥中期　通常为 30 天左右，饲喂过程中要注重合理搭配粗饲料，过渡初期粗精料比例为3∶1，中期为2∶1，后期为1∶1。该期的饲料配方为：玉米面46%，麦麸15.5%，去皮棉籽饼12%，玉米秸粉25.8%，骨粉0.4%，贝壳粉0.3%。另加食盐50克/头，维生素A 2单位/头，每天早、晚各饲喂1次，保持每天4~5千克/头，喂后2小时饮水。

（3）育肥后期　需45天左右。日粮应以精料为主，精料的用量可占到整个日粮总量的70%~80%，并供应高能量（60%~70%）、低蛋白饲料（10%~20%），按每100千克体重1.5%~2%喂料，粗精料比例为1∶（2~3），适当增加每天饲喂次数，并保证饮水供应充足。该期饲料配方为：玉米面2~3千克，糖渣20~25千克，酒糟15~20千克，青贮秸秆10~15千克，食盐50克，矿物质添加剂20克，早晚各饲喂1次；或用玉米粉56%，棉籽饼10%，麦麸8%，氨化麦秸粉23.5%，生长素1%，食盐1%，碳酸氢钠0.5%，每头每天饲喂6~7千克。喂量采食量越高，牛长得越快，但饲料的利用率会下降。因此喂肥育牛时以八分饱为好。判定的方法是，喂后看牛什么时候开始反刍。假如30分钟左右开始反刍，表明恰到好处。

2. 严格管理

（1）定时喂饮　夏季操作日程：5:00—7:00喂饲饮水，第一次检查牛群；8:00—10:00阳光下刷拭牛体，清理粪便；11:00—16:00中午加饮一次水，拴在凉棚树阴下休息，反刍；17:00—19:00喂饲饮水，第二次检查牛群，清理粪便，冲洗饲槽。

冬季操作日程：6:00—8:30喂饲饮水，第一次检查牛群；9:00—15:00阳光下刷拭牛体，清理粪便，休息反刍，清理饲槽；16:00—18:00喂饲饮水，第二次检查牛群，清理粪便和饲槽。

（2）定量饲喂　平均每头牛每天喂精料5千克，粗料7.5千克。喂饲过程是：先粗后精，先干后湿，定时定量，少喂勤添，喂完饮水。

给牛饮水要做到慢、匀、足。一般冬季饮2次水，水温在10~15℃；夏季饮3次水，除早、晚外，中午加饮1次。也可自由饮水。

（3）定位　喂饮完后，每头牛固定一桩拴好，缰绳长度使牛能卧下而且以牛回头舔不到自己的身体为好。

（4）刷拭　每天专人刷拭2次，目的是促进血液循环，增加食欲。刷拭的方法是：以左手持铁刷，右手持棕毛刷，从颈部开始，由前向后，由上至下依次进行。刷完一侧之后再刷另一侧。可按颈、背、胸、腰、后躯、四肢顺序，最后刷头部。夏季高温天时，可用水冲洗牛体。

（5）注意安全　育肥的公架子牛没有去势，其记忆力、防御反射、性反射能力很强，因此，饲养人员管理公架子牛要特别注意安全。

六、老残牛育肥

成年的老、弱、瘦、残牛在牛群中占一定的比例。造成老残牛的原因不外乎4个方面：一是劳累过度，体力消耗过多（退役牛）；二是体内有寄生虫；三是牛胃肠消化机能紊乱，消化吸收功能不好；四是长期的粗放饲养，造成营养不良体质瘦弱。这类牛产肉量低，肉品质差。经过育肥后增加皮下和肌肉纤维间的脂肪，从而提高产肉量，改善肉的品质。老残牛应采取如下育肥方法。

（一）休息

牛买来后或育肥前要让其充分休息，不再使役。

（二）驱虫

内服敌百虫，每千克体重按0.05克计算，1次内服，每天1次，连服2天。或按每千克体重2.5~10毫克的丙硫咪唑拌料饲喂。

（三）健胃

可用中药健脾开胃，也可以将茶叶400克，金银花200克煎汁喂牛；或用姜黄3~4千克分4次与米酒混合喂牛；或用香附75克、陈皮50克、莱菔子75克、枳壳75克、茯苓75克、山楂100克、神曲100克、麦芽100克、槟榔50克、青皮50克、乌药50克、甘草50克，水煎1次内服，每头每天1剂，连用2天。

育肥方式同大架子牛相似，只是育肥期短，需2~3个月的强度育肥，平均日补料2~3千克。全育肥期有250千克混合料即可。这种牛育肥期平均日增重可达1.5~1.8千克，全期增重90~150千克。

七、提高肉牛育肥效果的措施

对肉牛进行育肥时，除了选择品种、性别、体型外貌好的肉牛以外，还可采取一些有利措施，以提高饲料转化效率、促进肉牛增重速度。

（一）选择合适的育肥季节

育肥季节最好选在气温低于30℃的时期，气温稍低，有利于增加饲料采食量、提高饲料消化率，同时，较低的气温条件，能减少蚊蝇及体外寄生虫的滋扰，使肉牛处在安静适宜的环境中。在四季分明的地方，春秋是合适的育肥季节，因为春秋季节气候温和，肉牛采食量大，生长速度快，育肥效果最好；其次为冬季，冬季育肥气温过低时，可考虑采用暖棚防寒；夏季炎热，不利于肉牛增重，因此，肉牛育肥季节最好错过夏季，必须在夏季育肥时，则应严格执行防暑措施，如利用电风扇通风、在牛身上喷洒冷水等降温措施。在牧区，肉牛出栏以秋末为最佳。

（二）选择合适的育肥方式

对购入场内的肉牛，应按性别、品种、体重、年龄、膘情等情况进行分群饲养，以免性别干扰，也可方便喂料。肉牛育肥时，要分阶段进行，做到在育肥前、中、后 3 个阶段喂料水平明确，也容易管理。

（三）保持良好的管理制度

育肥前要进行驱虫和防病。育肥过程中，每天要坚持“三查”，查精神、查饮食、查粪便，发现异常，及时处理。严禁饲喂发霉变质的草料，注意饮水卫生，要保证充足、清洁的饮水，每天至少饮 2 次，饮足为止。冬春季节水温应不低于 10℃。要经常刷拭牛体，保持体表干净，特别是春秋季节，要注意预防体外寄生虫的发生。体内外寄生虫，不仅直接夺取肉牛营养，寄生虫代谢的有毒物质及对组织器官的机械损伤，还会使肉牛出现病症，严重影响育肥效果。所以，育肥前应对肉牛采取必要的驱虫措施，并且最好在每年的春、秋两季分别驱虫 1 次。

（四）选择合适的饲喂技术

可采取拴系饲养、自由采食、自由饮水的饲养方式，尽量减少肉牛运动量，降低能量消耗。每日喂 3 次，添草料要少量多次，可先喂精料、再辅料、后喂粗料，适当延长饲喂时间。

育肥过程中，要注意日粮中各种营养成分的全面性，饲料组成要多样化，以便形成“花草”，提高适口性，也有利于营养互补。冬春季节育肥，应加喂少量胡萝卜等多汁饲料，以调节肉牛食欲，增加对干草、秸秆的采食量，提高增重速度，同时也有利于牛体健康。在使用高精料育肥时，为防止瘤胃内酸度过大，可在精料中添加 1%～2%碳酸氢钠、5%～6%油脂，以抑制瘤胃异常发酵。

（五）保持舒适的环境条件

要勤换垫草、勤清粪便，保持舍内空气清新，保持环境安静，尽量减少噪声，避免惊扰牛群，注意牛舍内湿度、温度和有害气体含量，创造有利于肉牛生长育肥的适宜环境。育肥期间，应减少肉牛运动，以减少营养消耗、有利于提高增重。每出栏一批肉牛，都要对厩舍进行彻底的清扫和消毒。

（六）根据性别进行管理

近 40 年的研究表明，公牛的生长速度和饲料利用率明显高于阉牛和母牛，且胴体瘦肉多、脂肪少，符合广大消费者的需求。公牛育肥性能之所以优于阉牛和母牛，是由于其睾丸分泌大量睾丸酮，因而生长速度较快，并相应地提高饲料利用率。但对于 24 月龄以上的公牛，育肥前宜先去势，否则肌肉纤维粗糙，且有膻味，食用价值降低。另外，公牛育肥前不去势，也容易给管理工作带来困难。

八、肉牛运输应激的预防

肉牛育肥结束，成品肉牛一般都要经过运输。运输过程中或到达目的地后，由于拥挤、禁水禁食、装卸不当、温度过高等生活环境发生突然变化，严重影响生理机能，引发高烧、腹泻、精神亢奋，甚至猝死等应激综合症状，造成严重经济损失，必须重视运输应激的预防。

（一）运输前准备

1. 运输季节

最好选择春秋季节，温度适宜，应激反应比其他季节少。

2. 牛只选择

运输的牛至少断奶超过 60 天，体重超过 150 千克，精神状态良好，食欲旺盛，活动灵活。切忌饲喂猪饲料、鸡饲料。

3. 集中观察

准备运输的牛集中在一起暂养 7～15 天，注意观察，保证牛健康无病，同时让一起运输的牛互相熟悉。

4. 疫病检测

根据疫病流行情况对牛进行疫病检测，常采用虎红平板凝集或试管凝集试验检测布鲁氏菌病，采用皮肤变态反应检测结核病，阴性牛才能运出。

5. 抗体监测

对口蹄疫进行抗体监测，如抗体不合格，要加强免疫1次。

6. 喂饲

起运前要饲喂适量的水、料、草，适宜控制在八成饱。

7. 药物预防

运输前每千克体重，肌内注射1毫克氟苯尼考注射液。

8. 车辆准备

最好使用单层、高护栏敞篷车，护栏不低于1.8米。夏季运输，白天车厢上要安遮阳网，避免阳光直接照射。冬天车厢周围要用帆布挡风防寒。车辆要洗干净，喷洒消毒剂，地板上要垫干草或草垫。

9. 草料和饮水准备

要根据运输时间，计算草料总量，备足备好，放在车厢头部，用雨布或塑料布盖好，防止雨水浸湿霉变。要准备胶桶或铁桶2个，10米左右饮水管一根，用于停车场接自来水给牛饮水。

（二）运输途中管理

1. 装车

要准备装牛台，方便牛上下，避免牛在上下的过程中受伤。

2. 保持车速

刚开始时应控制车速，让牛有一个适应过程。在行驶中车速不能超过每小时80千米，急转弯和停车要先减速，避免急刹车。夏季天气炎热，白天尽量不要停车休息，可在晚上无阳光凉爽时休息。

3. 合理饮食

运输中不要喂过饱，每天每头牛喂干草5千克左右。必须保证牛每天饮水1~2次，每次10升左右，为减少应激，可在饮水中添加适量的电解多维或葡萄糖。

4. 观察牛的动态

运输过程一定要有人跟车，随时观察牛的动态，确保牛都是站立的。在颠簸的路上或者转弯的路时，更要及时观察，发现有牛卧倒，要及时赶起来，避免被其他牛踩踏受伤。

5. 加强消毒检疫

运输途中每天要进行消毒，特别是经过动物检疫站时，要进站消毒。准备好相关的出县境检疫合格证明和动物及动物产品运载工具消毒证明等相关资料。

（三）到达目的地管理

1. 健康检查

将牛安全地从车上卸下来，赶到指定的牛舍，使其充分休息。同时进行健康检查，挑出病牛，隔离饲养治疗。

2. 限制饲喂

经过长时间运输途中没有饲喂充足的草料和饮水，突然见到草料和水易暴饮暴食，必须限制饮食。可先饲喂一些玉米粥，即按 1 千克玉米面添加 4 千克温开水，再添加少量的盐分，接着饲喂青绿饲草，减半饲喂。控制饮水，可添加适量的电解多维或葡萄糖，有利于恢复体能。第一周以粗饲料为主，略加精料，第二周开始逐渐加料至正常水平。

3. 隔离饲养

新购进牛相对集中后在单独圈舍饲养。新购进的牛先休息 1 天后，灌服 1%牛黄清火丸，去除心火，利肠胃。调理 3~5 天后用克虫星或抗蠕敏、左旋咪唑、伊维菌素、阿维菌素等药物进行驱虫。驱虫后的第 3 天灌服健胃散，每日 1 次，连服 2 日。隔离饲养 30~45 天，确保健康无病及检疫正常后再转入大群饲养。

第五章　肉牛常见疫病防治

第一节　肉牛常见传染病防治

一、牛结核病

牛结核病是由牛型结核分枝杆菌引起的一种慢性消耗性传染病，是《全国畜间人兽共患病防治规划（2022—2030年）》确定须重点防治的畜间人兽共患病之一，农业农村部将其列为二类动物疫病。近年来，由于肉牛饲养量大、调运频繁等原因，我国牛结核病在牛群体中仍有一定程度的流行，牛结核病防控形势不容乐观。

（一）诊断要点

1. 流行特点

牛结核病的病原为结核分枝杆菌，有牛型、人型以及禽型3种类型，以牛型结核分枝杆菌的致病力最强。奶牛结核病的流行特点是传染源广、传播速度快、疾病治愈率低。奶牛最易感，水牛、黄牛、牦牛、鹿等多种动物也易感，人也有易感性。通过病牛、病畜及病人，经排出的痰液、乳汁、粪尿等污染的饮水、草料、空气及环境等传播，人食用了带有结核分枝杆菌的奶、肉时，易感染。本病无明显的季节性和地域性，若检疫不严格、没有及时消灭阳性牛，则会导致较大面积的交叉感染。

2. 临床症状

自然感染的牛结核病潜伏期一般为16~45天甚至更长达数年，呈慢性经过，以泌乳量减少、逐渐消瘦和干咳为主要临床特征。临床上常见的类型有：

（1）肺结核　病初无明显临床症状，只有短干咳，渐变为湿咳；随之咳嗽加重，呼吸增数，轻微气喘，肺部听诊有摩擦音；有淡黄色黏液或脓性鼻液；午后、夜间低烧。贫血，但体温一般正常或稍高。病程顽固，经久不愈。

（2）淋巴结核　可见于各型结核病的各个时期，体表淋巴结肿大明显，如咽喉淋巴结核肿大，可引起吞咽、嗳气障碍。

（3）乳房结核　以后方乳腺区的乳房上淋巴结肿大最常见，两乳病区发生局限性或弥漫性硬结，乳房表面有局限性或弥漫性硬结，呈现大小不等、凹凸不平的硬结，无热痛，乳汁变稀，有时混有脓块。

（4）肠结核　肠结核多见于犊牛，以腹痛、下痢和便秘交替发生，后期顽固性下痢，粪便粥样带血或脓汁，腥臭粪便。

（5）神经结核　中枢神经系统受结核分枝杆菌侵害时，在脑和脑膜等处可发现粟粒状或干酪样结核而表现神经症状，多呈癫痫样发作，转圈运动或运动障碍等。

3. 实验室诊断

对于疑似牛群，主要的诊断方法是结核菌素皮内变态反应试验；对已有明显临床症状的牛，应在临床诊断的基础上，进行细菌性检验、分子生物学检验、免疫学检验结核菌特异性抗体等实验室诊断相结合，作为主要诊断方法。

（二）防控

农业农村部发布的《全国畜间人兽共患病防治规划（2022—2030年）》对牛结核病防治目标是：到2025年，25%以上的规模奶牛养殖场达到净化或无疫标准；到2030年，50%以上的规模奶牛场养殖场户达到净化或无疫标准。为此，必须严格落实监测净化、检疫监管、无害化处理等综合防治措施。

1. 监测净化

各地畜牧兽医主管部门要加大对养殖场、屠宰场、交易市场等场所的疫情监测力度，及时准确掌握结核分枝杆菌分布和结核病疫情动态，科学评估疫病风险，及时发布疫病预警信息。建立个体完善的奶牛档案和可追溯标识，发现感染牛要及时溯源并持续监测。在此基础上，根据“一病一案、一场一策”的要求，制定切实可行的控制、净化方案，分区域、分步骤、有计划地统筹推进对该病的防治工作。在非结核病疫区，要定期检疫，坚决淘汰阳性牛，最大限度地淘汰患病牛，加速牛场结核病的净化。

2. 检疫监管

加强对奶牛的产地检疫和屠宰检疫，严格执行农业农村部《跨省调运乳用种用动物产地检疫规程》（农牧发〔2019〕2 号），切实搞好跨省调运奶牛的产地检疫和流通监管。

3. 无害化处理

加大推进奶牛标准化规模养殖的力度，构建以选址科学、定期消毒、病死奶牛和粪污无害化处理等为主要内容的、持续有效的生物安全防护体系，促进奶牛养殖业转型升级。对结核杆菌阳性牛要及时扑杀并进行无害化处理，积极培育奶牛结核病阴性群。

二、布鲁氏菌病

布鲁氏菌病简称布病，是农业农村部《全国畜间人兽共患病防治规划（2022—2030 年）》确定须重点防治的畜间人兽共患病之一，农业农村部将其列为二类动物疫病。

（一）诊断要点

1. 流行特点

本病的病原为布鲁氏菌，以牛种菌株种型、羊种菌株种型为主，在牛羊混养的地区，存在牛种和羊种布鲁氏菌跨畜种混合感染的情况。华北、西北和东北地区的牧区或农牧区多发，近年来有向南方扩散蔓延的态势。无明显季节性，一般呈散发，羊种布鲁氏菌有时呈地方流行性。

多种动物对布鲁氏菌均易感，以羊、牛、猪的易感性最强。在牛的布鲁氏菌病中，母牛比公牛易感，成年牛比犊牛易感。病牛和带菌牛是主要的传染源，尤其是感染的妊娠母牛，在流产或分娩时将大量的布鲁氏菌随胎儿、胎水、胎衣排出，流产后的阴道分泌物和乳汁中都含有布鲁氏菌。

2. 临床症状

本病潜伏期一般为 14~180 天。感染病牛显著的临床特征是妊娠 5~8 个月的母牛流产，部分病牛流产后出现胎衣滞留，并伴发子宫内膜炎，从阴道流出污秽不洁、恶臭的分泌物，最终导致不孕。新发病地区的病牛流产较多，老疫区少，但病牛表现乳房炎、子宫内膜炎、关节炎、胎衣滞留、子宫积脓症状的较多。公牛睾丸肿大，触摸疼痛，并有附睾炎、关节炎，有时会发生坏死、化脓。

3. 实验室诊断

通过虎红平板凝集试验、乳牛全乳环状试验、试管凝集试验、补体结合试验、间接酶联免疫吸附试验、竞争酶联免疫吸附试验等进行诊断。近年来，使用斑点金免疫渗滤法（DIGFA）快速检测牛布鲁氏菌病，方法快速简便，测试过程1~2分钟内即可完成，试剂敏感、特异、稳定，可用于布鲁氏菌病的诊断及流行病学调查。

（二）防控

农业农村部《全国畜间人兽共患病防治规划（2022—2030年）》中对布病的防治目标是：到2025年，50%以上的牛羊种畜场（站）和25%以上的规模奶畜场达到净化或无疫标准；到2030年，75%以上的牛羊种畜场（站）和50%以上的规模奶畜场达到净化或无疫标准。

1. 疫情处置

发生疑似病例时，要及时向有关部门和人员进行疫情报告，严格按照《布鲁氏菌病防治技术规范》要求处置；严格隔离阳性牛，奶牛隔离区内要配备专用挤奶设备和全密封巴氏高温杀菌设备，鲜奶必须进行巴氏高温杀菌，隔离区每天至少2次全面彻底消毒；病死、扑杀的牛，患病牛的分泌物、排泄物、流产的胎儿及胎衣等必须进行无害化处理，病牛及阳性牛污染的场所、用具、物品严格进行消毒。

2. 推进区域化管理

各地根据布病流行状况和畜牧业产业布局，以县为单位划定免疫区和非免疫区。免疫区内，严格进行布病的强制免疫；非免疫区要强化布病的日常监测和剔除，不断加大对高风险畜群、高风险地区等的监测力度。严格落实牛、羊产地检疫和落地报告制度，做好隔离观察。支持奶牛场户开展布病自检。

3. 免疫程序与疫苗选用

根据《国家动物疫病强制免疫指导意见（2022—2025年）》（农牧发〔2022〕1号）要求，对种畜以外的牛羊进行布鲁氏菌病免疫，种畜禁止免疫。各省份根据评估情况，原则上以县为单位确定本省份的免疫区和非免疫区。对免疫区内不免疫、非免疫区免疫、奶牛是否实施免疫等情况，养殖场（户）应逐级上报省级农业农村部门，待同意后方可实施。

使用布鲁氏菌基因缺失活疫苗（A19-ΔVirB12株）或布鲁氏菌活疫苗（A19株），对3~8月龄牛免疫，皮下注射，必要时可在12~13月龄（即第

1次配种前1个月)，再低剂量接种1次；以后根据牛群布病流行情况决定是否再进行接种。不可用于孕牛。

三、口蹄疫

口蹄疫也叫“口疮”“蹄癀”，是由口蹄疫病毒引起的一种急性、热性、高度传染性疫病，农业农村部将其列为一类动物疫病。

（一）诊断要点

1. 流行特点

本病的病原是口蹄疫病毒，属RNA型病毒，容易变异，主要有O型、A型、C型等7种血清型。2018年1月2日，我国农业农村部宣布口蹄疫亚1型正式退出免疫，当前我国口蹄疫流行毒株主要是O型中的CATHAY、Ind-2001e和Mya-98毒株，A型中的东南亚Sea-97等4个毒株。牛、羊、猪等偶蹄类动物易感，尤其是黄牛和奶牛；人较少感染，但如果与患病动物接触过多，也可被感染。通过直接接触病畜的排泄物、分泌物，或间接吸入含有口蹄疫病毒的尘埃、飞沫，饮用或食用被口蹄疫病毒污染的水、草料等而直接或间接传播；一年四季均可发病，以春、秋两季易流行。

2. 临床症状

家畜口蹄疫中，牛的临床症状最典型。病牛表现体温升高，口腔内黏膜、蹄部、乳房等部位出现单个或多个充满液体的水疱并溃烂。初期，体温升高达40~41℃，食欲不振，精神沉郁；流涎，1~2天后，在唇内面、齿龈、舌面和颊部黏膜上出现短暂的、蚕豆至核桃大的水疱并很快破裂，临床上有时难以观察到。早期病变可能会在以上部位出现一些很小的白皙区域，随着水疱破裂，白皙的区域变红，形成边缘整齐的红色糜烂，如继发细菌感染，有时会发生溃疡，并可见到新发育上皮的分界线。蹄部发生水疱时，临床上可见到趾间和蹄冠皮肤红、肿，水疱破溃后留下红色糜烂面，严重感染者可化脓，蹄不着地，甚至蹄壳脱落，运动障碍。乳房水疱常出现在乳头，继发感染或转为慢性时可引起乳房炎，导致泌乳减少甚至停滞。

新生犊牛如感染口蹄疫，成活率降低；母牛可导致流产。

3. 实验室诊断

无菌抽取水疱液或剪取水疱皮，装于灭菌小瓶，冷藏保存，送有关部门鉴定；或者在康复后不久采取血清，进行补体结合试验或乳鼠血清保护试验、间接血凝试验、琼脂扩散试验等测定血清抗体。

（二）防控

自2001年以来，我国一直对口蹄疫实施强制免疫措施。疫苗免疫过程中要遵循3个“确实”，即确实接种了疫苗、选择了效果确实的疫苗、接种后确实有效（用抗原含量高、杂蛋白少的疫苗）。

1. 疫情处置

按照2010年农业部关于《口蹄疫防控应急预案》要求，立即进行疫情监测与预警、应急响应。对疑似疫情上报，划定疫区，扑杀销毁、隔离消毒、无害化处理、紧急接种等综合性扑灭措施。

2. 制定合理的免疫程序

规模化养牛场，犊牛90日龄首免，120日龄二免，以后每隔4~6个月免疫一次；散养肉牛实行春、秋两季各进行一次集中免疫，每月定期补免。发生疫情时，要对疫区、受威胁区域的全部易感牛进行一次强化免疫，但最近1个月内已免疫的牛可不再进行强化免疫。有条件的牛场和地区，可根据母源抗体和免疫抗体的检测结果，制定相应的免疫程序。

3. 合理选用疫苗

必须选择与当地流行毒株抗原性匹配的疫苗。当前，可选用口蹄疫O型、A型二价灭活疫苗（O/MYA98/BY/2010株+Re-A/WH/09株），每次1毫升/头，肌内注射，90日龄首免，120日龄二免。选择其他种类的疫苗时，可在中国兽药信息网国家兽药基础信息查询平台兽药产品批准文号数据中查询。

4. 免疫效果监测

在免疫注射21天后须进行免疫效果监测，存栏牛免疫抗体合格率必须达到70%以上判定合格。

四、牛结节性皮肤病

牛结节性皮肤病是由牛结节性皮肤病病毒引起的牛的一种全身性感染疫病，以皮肤出现结节为主要临床特征。牛结节性皮肤病不是人兽共患病，人不感染。我国农业农村部将其列为二类动物疫病。

（一）诊断要点

1. 流行特点

本病的病原是痘病毒科、山羊痘病毒属、牛结节性皮肤病病毒。牛易感，黄牛、水牛、奶牛不分年龄均可感染。病牛、带毒牛的皮肤结节、唾液、精液等均含有病毒，经吸血昆虫如蚊蝇、蜱虫、蠓等叮咬，或牛间相互舔舐，摄入被病毒污染的草料、饮水，共用带毒的针头，人工授精或自然交配等方式传播。发病有明显的季节性，吸血虫媒活跃的季节多发。

2. 临床症状

本病的潜伏期一般 28 天。病初，感染牛体温升高到 41℃，高热稽留 1 周左右；浅表淋巴结尤其是肩前淋巴结多肿大；眼结膜炎，鼻流涕；奶牛产奶量下降。发热后大约 2 天，病牛头、颈肩、乳房等处见大小不等的结节突起，有时结节破溃，招来蚊蝇，经久不愈；口腔黏膜上起水疱，之后破溃、糜烂，口角流涎；有的病牛四肢、腹部、会阴等处水肿。公牛可导致不育，母牛发情延迟，孕牛可发生流产。

3. 实验室诊断

通过病原或抗体检测可确诊。

（二）防控

1. 疫情处置

对可疑或疑似病牛所在的养殖场（户），实施严格的隔离监视，禁止包括牛只、牛产品和饲料、用具等的异地调运；隔离区内外环境药物杀灭虫媒并严格消毒。

对确诊的牛结节性皮肤病，要划定疫点、疫区和受威胁区，按《动物防疫法》有关要求分别采取相应处置措施。疫情所在的县区和相邻县区，使用山羊痘疫苗按羊的 5 倍量对所有牛只进行紧急免疫注射。

2. 加强饲养管理

要加强牛只饲养管理，严格落实包括卫生消毒、杀虫灭蚊等各项生物安全措施，养殖场周边填埋死塘，消灭蚊虫滋生环境；加强对重点防控地区监测和边境地区巡查力度，搞好对牛结节性皮肤病的风险评估。

3. 必要时可免疫

如有必要，须经县级畜牧兽医主管部门申请、省级畜牧兽医主管部门批准、农业农村部备案后方可实施免疫。

五、炭疽

炭疽是由炭疽芽孢杆菌引起的一种多种动物共患病。农业农村部将其列为二类动物疫病。目前我国炭疽疫情总体呈点状发生态势，有明显的季节性、区域性，以老疫点和疫源地为高发地区。

（一）诊断要点

1. 流行特点

家畜中牛、马、羊等草食动物，从事牛羊养殖、屠宰和皮毛加工的人，对本病有不同程度的易感性，家禽一般不感染。

患病动物是人类炭疽的主要传染源，炭疽病人的分泌物、排泄物等同样具有传染性，人与人间不易传播。

主要通过皮肤、皮毛等接触传播，呼吸时吸入带有大量炭疽芽孢的灰尘、气溶胶，食用了染病的牛、羊、马等的肉类，使用了病畜毛发制成、未经严格消毒的毛刷，被带有炭疽芽孢的昆虫叮咬等，均可染病。

一般呈地方性流行或散发，夏季特别是洪涝灾害后多见。

2. 临床症状

本病多以急性死亡、尸体快速腐败、尸体膨胀、天然孔出血、血液呈煤焦油样、血凝不良、尸僵不全等为主要临床特征。

患病牛常呈急性表现，体温升高达42℃，呼吸急促，心动过速，可视黏膜暗紫；腹围增大，有的兴奋不安，不停哞叫；天然孔出血，血凝不良，后期体温下降，痉挛而死，病程24~36小时。慢性病牛常在颈、肩胛、胸前、腰、腹下、直肠或外阴部水肿或炭疽痈，颈部水肿时，常会波及咽和喉头，呼吸困难，病程3~5天。有时表现皮肤病灶，皮温增高，手感坚硬，压痛反应明显，有时皮肤坏死或形成溃疡。

（二）防控

1. 疫情处置

（1）疫情报告　发现患有本病或疑似本病的动物，都应立即向当地兽医行政主管部门报告，经现场流行病学调查和临床检查，采集病料（耳尖采血涂片，或从尸体左侧最后一根肋骨后侧小心切开，取小块脾脏涂片，但禁止解剖尸体）送符合规定的实验室诊断。

（2）确诊处置　确诊为炭疽后，严格按照2007年农业部颁发的《炭疽防治技术规范》正确处置，并做好人员防护。

2. 防控

炭疽多为散发疫情，但是炭疽芽孢抵抗力极强，在干燥土壤和污染草原中可存活40年以上，在自然界长期存在，一般消毒剂对芽孢杀灭作用很差，难以清除。牧民和养殖场，特别是曾经发生过炭疽疫情的地区，应该强化监测排查、应急处置、针对性免疫、检疫监管等综合防治措施。

（1）做好监测报告　加强高发季节高风险地区监测预警，及早发现和报告疫情。

（2）严格规范处置疫情　按照“早、快、严、小”的原则做好疫情处置，对病畜进行无血扑杀和无害化处理，掩埋点设立永久性警示标志，疫源地周边禁止放牧。

（3）做好针对性免疫　根据疫情动态和风险评估结果制定重点地区免疫计划，适时开展家畜免疫。

（4）加强动物卫生监管　严格检疫和调运监管，严厉打击收购、加工、贩运、销售病死动物及其产品等违法违规行为，对死亡动物严格执行“四不准一处理”（不准宰杀、不准食用、不准出售、不准转运，对死亡动物进行无害化处理）措施。加强日常监管，重点地区要加强病死草食动物无害化处理专项整治，根据防控需要配备可移动大动物尸体焚化设备。

六、牛传染性鼻气管炎

牛传染性鼻气管炎是一种由牛传染性鼻气管炎病毒（牛疱疹病毒Ⅰ型）引起的传染病。世界动物卫生组织（OIE）将其列为必须通报的动物疫病；我国农业农村部将此病列为二类动物疫病。1980年，我国在进口奶牛中首次发现，其后在我国的病奶牛、水牛病料中也分离出了牛传染性鼻气管炎病毒。

（一）诊断要点

1. 流行病学

牛传染性鼻气管炎病毒属疱疹病毒科、疱疹病毒亚科甲、水痘病毒属的球形双股DNA病毒。主要感染牛（如肉牛、奶牛），各种年龄阶段均可感染，也能感染山羊、猪和鹿等。病牛和带毒牛是主要的传染源，特别是病牛呼吸道带毒分泌物可通过飞沫、交配、接触、空气、媒介物等传播，在一定环境条件下，可经空气传播。潜伏期一般在3~7天，最长可达3周。秋季和冬季较为多发，特别是在饲养管理较差、牛群饲养密度较大、应激因素、其他病原体感染的情况下，都会加速传播。牛群发病率受环境等综合因素影响。由于该病毒的传播性强，截至目前，我国各地牛群中都检测到了本病毒的抗体。

2. 临床症状

牛传染性鼻气管炎病毒在临床上可引起多种病症，症状轻重差别很大，主要以呼吸道感染症状为主，表现为呼吸困难，常常张口呼吸，鼻黏膜发炎肿胀；母牛患病表现为脓疱性外阴阴道炎，产奶量下降，引起乳房炎、流产等；公牛患病则表现为发热、龟头炎等。另外，病牛还可表现出眼结膜炎、肠炎、脑膜炎（常见犊牛）等临床症状。

3. 实验室诊断

可通过血清学诊断（琼脂免疫扩散试验、病毒中和试验、酶联免疫吸附试验、间接血凝试验等）、病原学诊断等方法确诊。

（二）防控

1. 预防

对出入境牛只进行严格检疫，严禁从疫区引进种牛，种牛引进应按照相关政策程序执行；其次要加强饲养管理和改善卫生条件，注意消毒、养殖密度、通风、保温等措施，定期进行检疫；最后制定合理的免疫程序，一旦发现可疑病例，立即采取隔离、封锁和消毒等措施，对所有牛群进行紧急注射疫苗，以提高牛群免疫力。

2. 治疗

目前没有特效治疗药物。为防止得病牛只发生其他继发性感染，可采取抗生素药物对症治疗，若牛发热，在体温下降不明显的情况下可以肌内注射氨基比林，可结合中医治疗方法，采用柴胡、牛蒡子等帮助退热，同时服用板蓝根、连翘、升麻、桔梗等提高机体免疫机能。继发感染时，用400万单位青霉素、100万单位链霉素各2支肌内注射，1天1次，连用3天。

七、牛流行热

牛流行热是由牛流行热病毒引起的一种急性热性传染病。其特征为突然高热，呼吸迫促，流泪和消化器官的严重卡他炎症和运动障碍。感染该病的大部分病牛经2~3天即恢复正常，故又称三日热或暂时热。该病病势迅猛，但多为良性经过。过去曾将该病误认为是流行性感冒。

（一）诊断要点

1. 流行特点

牛流行热是由节肢动物传播的一种病毒性传染病，为非接触性感染，呈周期性流行，3~5 年大流行一次；季节性明显，一般在夏末和秋初、高温高热、蚊虫多的 6—9 月流行。本病并不能直接接触传染，而是通过媒介昆虫叮咬带有病毒血症的病牛来传播扩散。不同品种和年龄的牛易感程度差异较大，3~5 岁黄牛、奶牛易感，水牛和犊牛发病较少。母牛特别是怀孕母牛发病率高于公牛。病牛多为良性经过，在没有继发感染的情况下，死亡率为 1%~3%。

2. 临床症状

潜伏期为 3~7 天。病初，病畜震颤，恶寒战栗，接着体温升高到 40℃以上，稽留 2~3 天后体温恢复正常。在体温升高的同时，可见流泪，有水样眼眵，眼睑，结膜充血，水肿。呼吸迫促，呼吸次数每分钟可达 80 次以上，呼吸困难，呻吟。食欲废绝，反刍停止。瘤胃蠕动停止，出现瘤胃臌胀，或者瘤胃内部缺乏水分，内容物干涸。粪便干燥，有时下痢。四肢关节浮肿、疼痛，病牛呆立，跛行，以后起立困难而伏卧。

皮温不整，特别是角根、耳翼、肢端有冷感。另外，颌下可见皮下气肿。流鼻液，口炎，显著流涎。口角有泡沫。尿量减少，尿浑浊。妊娠母牛患病时可发生流产、死胎。乳量下降或泌乳停止。

该病大部分为良性经过，病死率一般在 1%以下，部分病例可因四肢关节疼痛，长期不能起立而被淘汰。

3. 实验室诊断

发热初期采血进行病毒分离鉴定，或采取发热初期和恢复期血清进行中和试验和补体结合试验，可作出确诊。

（二）防控

1. 预防

用 5%敌百虫液喷洒牛舍和周围排粪沟，每周 2 次，以杀灭蚊蝇。保持牛舍清洁卫生，定期用过氧乙酸对牛舍地面及食槽等进行消毒，以减少传染。

用牛流行热灭活疫苗，颈部皮下注射 2 次，每次 4 毫升，两次间隔 21 天；6 月龄以内的犊牛注射剂量减半。第 2 次免疫接种 21 天后产生免疫力，免疫持续期 4 个月。

2. 治疗

立即隔离病牛，进行对症治疗。高热时，肌内注射复方氨基比林注射液 20~50 毫升，或 30%安乃近注射液 20~30 毫升。重症病牛给予大剂量的抗生素，常用青霉素、链霉素，并用葡萄糖生理盐水、林格氏液、安钠咖、维生素 B_1 和维生素 C 等药物，静脉注射，每天 2 次。四肢关节疼痛，牛可静脉注射水杨酸钠注射液。对于因高热而脱水和由此而引起的胃内容物干涸，可静脉注射林格氏液或生理盐水 2~4 升，并向胃内灌入 3%~5%的盐类溶液 10~20 升。

八、牛巴氏杆菌病

牛巴氏杆菌病又名牛出血性败血症，是由多杀性巴氏杆菌引起的一种急性热性传染病，常以高热、肺炎、急性胃肠炎及内脏器官广泛出血为特征。

（一）诊断要点

1. 流行特点

多杀性巴氏杆菌为条件性致病菌，常存在于健康畜禽的呼吸道，与宿主呈共栖状态。当牛饲养管理不良时，如寒冷、闷热、潮湿、拥挤、通风不良、疲劳运输、饲料突变、营养缺乏、饥饿等因素使机体抵抗力降低，该菌乘虚侵入体内，经淋巴液入血液引起败血症，发生内源性传染。病畜由其排泄物、分泌物不断排出有毒力的病菌，污染饲料、饮水、用具和外界环境，主要经消化道感染，还可通过飞沫经呼吸道感染健康家畜，亦有经皮肤伤口或蚊蝇叮咬而感染的。该病常年可发生，在气温变化大、阴湿寒冷时更易发病；常呈散发性或地方流行性发生。

2. 临床症状

潜伏期 2~5 天。根据临床表现，本病常表现为急性败血型、浮肿型、肺炎型。

急性败血型：病牛初期体温可高达 41~42℃，精神沉郁、反应迟钝、肌肉震颤，呼吸、脉搏加快，眼结膜潮红，食欲废绝，反刍停止。病牛表现为腹痛，常回头观腹，粪便初为粥样，后呈液状，并混杂黏液或血液且具恶臭。一般病程为 12~36 小时。

浮肿型：除表现全身症状外，特征症状是颌下、喉部肿胀，有时水肿蔓延到垂肉、胸腹部、四肢等处。眼红肿、流泪，有急性结膜炎。呼吸困难，皮肤和黏膜发绀、呈紫色至青紫色，常因窒息或下痢虚脱而死。

肺炎型：主要表现纤维素性胸膜肺炎症状。病牛体温升高，呼吸困难，痛苦干咳，有泡沫状鼻汁，后呈脓性。胸部叩诊呈浊音，有疼感。肺部听诊有支气管呼吸音及水泡性杂音。眼结膜潮红，流泪。有的病牛会出现带有黏液和血块的粪便。本病型最为常见，病程一般为3~7天。

3. 实验室诊断

病料采取：生前可采取血液、水肿液等；死后可采取心血、肝、脾、淋巴结等。

直接镜检：血液作推片，脏器以剖面作涂片或触片，美蓝或瑞氏染色，镜检，如发现大量的两极染色的短小杆菌，革兰氏染色，为革兰氏阴性、两端钝圆短小杆菌，即可初诊。

分离培养：无菌采取病料，接种于血液琼脂平板和麦康凯琼脂，37℃培养24小时，此菌在麦康凯琼脂上不生长，在血液琼脂平板可见有淡灰白色、圆形、湿润、不溶血的露珠样小菌落。涂片染色镜检，为革兰氏阴性小杆菌。必要时再进一步做生化试验鉴定。

4. 鉴别诊断

对于急性死亡的病牛，应注意与炭疽、气肿疽、恶性水肿病的鉴别。对于肺部病变还应与牛肺疫等鉴别。巴氏杆菌病因有高热、肺炎、局部肿胀以及死亡快等特点，易与炭疽、气肿疽和恶性水肿相混淆，应注意鉴别。

炭疽：炭疽病牛临死前常有天然孔出血，血液呈暗紫色，凝固不良，呈煤焦油样，死后尸僵不全，尸体迅速腐败；脾脏可比正常肿大2~3倍，将血液或脾脏做涂片，革兰氏或瑞氏染色，可见菌体为革兰氏阳性、两端平直、呈竹节状、粗大带有荚膜的炭疽杆菌。而巴氏杆菌病则没有上述病理变化，可见菌体为革兰氏染色阴性、两端浓染的细小的球杆菌。

气肿疽：多发生于4岁以下的牛，肿胀主要出现在肌肉丰满的部位，呈炎性、气性肿胀，手压柔软，有明显的捻发音。切开肿胀部位，切面呈黑色，从切口流出污红色带泡沫的酸臭液体。肿胀部的肌肉内有暗红色的坏死病灶。由于气体的形成，肌纤维的肌膜之间形成裂隙，横切面呈海绵状。实验室检验，气肿疽梭菌菌体为两端钝圆的大杆菌，气肿疽在我国已基本上得到控制。

恶性水肿：多发生于外伤、分娩和去势之后，伤口周围呈气性、炎性肿胀，病部切面苍白，肌肉呈暗红色，肿胀部触诊有轻度捻发音。以尸体的肝表面做压印片染色镜检，可见革兰氏阳性、两端钝圆的大杆菌。

（二）防控

1. 预防

加强饲养管理，避免各种应激，增强抵抗力；本病常发地区，应每年定期肌内或皮下注射牛多杀性巴氏杆菌病灭活疫苗，体重 100 千克以下的牛，每头 4 毫升，体重 100 千克以上的牛，每头 6 毫升，免疫期 9 个月。该疫苗切忌冻结，冻结过多疫苗严禁使用；仅用于健康牛；疫苗在 2～8℃环境下保存，使用前，应将疫苗恢复到室温，并充分摇匀；接种时，应做局部消毒处理，每头牛用 1 个灭菌针头；接种后，个别牛可能出现过敏反应，应注意观察，必要时采取折射肾上腺素等脱敏措施抢救；用过的疫苗瓶、器具和未用完的疫苗等应进行无害化处理。

2. 治疗

发病后对病牛立即隔离治疗。选用敏感抗生素给病牛注射。如，恩诺沙星注射液肌内注射，0.5 毫升/千克体重；乳酸环丙沙星注射液，肌内注射，0.05 毫升/千克体重，或静脉注射，0.04 毫升/千克体重，每天 2 次。对污染圈舍和用具用 5%漂白粉或 10%石灰乳，或百毒杀等药物消毒。

九、犊牛沙门杆菌病

犊牛沙门杆菌病是由沙门杆菌属的细菌引起犊牛的一种传染病，又称犊牛副伤寒。在临床上以败血症、高热、腹泻为主要特征，病死率较高。该病分布比较广泛，不仅对犊牛危害较大，还影响动物的繁殖性能，常给犊牛饲养带来严重影响。该细菌也是重要的人兽共患病原体，可引起人的食物中毒和败血症等。

（一）诊断要点

1. 流行特点

沙门杆菌属是肠杆菌科的重要成员之一，具有多种血清型，革兰氏染色为阴性杆菌，不产生芽孢和荚膜。该细菌对干燥、腐败、太阳光等外界环境因素有一定的抵抗力，但对常见化学消毒剂抵抗力不强，一般情况下对多种抗生素和抗菌药敏感，但由于抗生素使用方法不一，耐药现象也不时出现。

易感动物为人和多种动物，其中幼龄动物较年老者易感，犊牛以 30～40 日龄最易感。传染源为发病和带菌动物，通过分泌物和排泄物污染饲料和饮水等外界媒介，易感犊牛通过消化道感染。另外，饲养环境不良、寄生虫病、病毒性疾病等导致犊牛抗病能力下降，可活化体内的沙门杆菌而发生内源性感染。该病一年四季均可发病，往往呈流行性。

2. 临床症状

如果由带菌母牛传染，可在出生后 2 天内发病，出现食欲废绝、卧地不起、机体衰竭等症状，多在3~5天内死亡。病死犊牛剖检不见特征性病理变化。

日龄稍大的犊牛发病初期体温可升高到40~41℃，24小时后排出灰黄色稀便，带有黏液和血液，多数病例在发病5~7天后死亡，病死率可达50%，有时大部分发病犊牛可恢复健康。病程较长者，其腕关节和跗关节多数肿大，有的病例可出现支气管炎和肺炎的临床症状。王芳在《犊牛副伤寒病的诊治及预防》中显示一例犊牛副伤寒发生于5~6日龄犊牛，相继出现腹泻、血便、咳嗽、关节炎等症状。

3. 实验室诊断

确诊需要进行沙门杆菌的分离与鉴定，也可结合酶联免疫吸附试验、PCR检测技术等确诊。

（二）防控

1. 预防

加强饲养管理，严格执行卫生消毒制度，提高犊牛抗病力，避免内源性感染。如交替使用氢氧化钠、来苏尔等消毒药，对产房、犊牛舍可每周彻底消毒1次，有效减少环境中的病原微生物数量，降低感染概率。加强其他疾病防控，如球虫病、大肠杆菌病等。

免疫接种也是预防犊牛沙门杆菌病的重要措施之一。妊娠母牛和6月龄以下犊牛接种牛副伤寒氢氧化铝灭活疫苗。

在犊牛的饲料或饮水可有计划地添加抗生素或抗菌药，预防病原菌感染。

2. 治疗

对发病牛及时确诊，一经诊断为犊牛沙门杆菌病立即采取综合性防治措施。如，肌内注射硫酸卡那霉素注射液，0.2~0.3毫升/千克体重，2次/天，连用2~3天；或磺胺二甲嘧啶钠注射液，静脉注射，0.5~1毫升/千克体重，1~2次/天，也可使用硫酸新霉素5~10毫克/千克体重内服，庆大霉素1.5毫克/千克体重，每日2次，肌内注射。连用2~3天。对病死牛、淘汰牛、污染的媒介等进行无害化处理。

十、犊牛大肠杆菌病

犊牛大肠杆菌病是由致病性大肠杆菌引起的一种犊牛的急性传染病，又称犊牛白痢。

（一）诊断要点

1. 流行特点

多发于10日龄以内的犊牛，一年四季均可发生，但冬春季节常见。气候骤变、阴冷潮湿、饲料和饲养条件变更、卫生不洁、母乳过浓或母乳不足，均可促进该病的发生与传播。

2. 临床症状

急性败血型多见于2~3日龄犊牛，发病突然，体温升高，间有腹泻，可视黏膜充血，冲击式触诊腹部有振水音，触诊耳、鼻镜冷凉，脐带肿大，四肢关节肿大，腹泻严重时常有死亡。肠毒血型常突然死亡，以1周龄以内的犊牛多见。病程稍长者，表现兴奋不安，后沉郁昏迷，腹泻，死亡。肠炎型多见，以1~2周龄犊牛多发，病初体温升高达40℃左右，病犊初期排黄色粥样酸臭稀便，继而排水样、灰白色、混有凝乳块、泡沫或血丝的稀便。病的末期排粪失禁，污染后躯、尾部和腿部，腹痛，回头顾腹或后肢踢腹，病程长的可继发肺炎和关节炎症状。

（二）防控

1. 预防

保持牛舍清洁干燥，定期用火碱、过氧乙酸等进行彻底消毒，保证牛舍、垫料和牛体卫生。产房环境清洁干燥，加强新生犊牛护理，断脐时用10%碘酊消毒，并浸泡1~2分钟，12小时内吃足初乳。妊娠母牛日粮营养充足、均衡，适当运动，饮水清洁。

2. 治疗

发病后要及时治疗。

（1）补充体液　脱水明显的病犊，可用5%葡萄糖注射液1 000~2 000毫升，一次静脉注射，1~2次/天；或用0.9%氯化钠注射液1 000~2 000毫升，25%葡萄糖注射液250毫升，5%碳酸氢钠注射液100~200毫升，一次静脉注射，1~2次/天；也可用5%葡萄糖注射液2 000毫升，0.9%氯化钠注射液2 000毫升，5%碳酸氢钠注射液500毫升，通过口服补液，1~2次/天。

（2）抑菌消炎　可用10%恩诺沙星注射液0.05毫升/千克体重，肌内注射，2次/天，连用3~5天；或用庆大霉素1毫克/千克体重灌服，12~15毫克/千克体重肌内注射或静脉注射；还可用5%盐酸头孢噻呋注射液0.1毫升/千克体重肌内注射，1次/天，连用3~5天。内服0.5%高锰酸钾溶液，

4~8 克/次，2~3 次/天，也可取得良好效果。如能给犊牛输注母牛全血 100~200 毫升，可有效缓解病犊牛全身症状，提高治愈率。

十一、犊牛支原体肺炎

犊牛支原体肺炎是由支原体引起的以肺炎等症状为主的传染病。本病发病率高，死亡率低。

（一）诊断要点

1. 流行特点

由牛支原体引起，也叫烂肺病。潜伏期 7~14 天，冬春季易发常见。2 月龄内尤其是 1 周龄内的犊牛易感性强，病情严重，死亡率高，2 月龄以上的犊牛发病较少。牛支原体可通过飞沫经呼吸道传播，也可通过哺乳、生殖道或人工授精过程传播，还可经胎盘垂直传播给胎儿。

2. 临床症状

急性型病例体温升高到 40~42℃，咳嗽、气喘，有浆液性鼻液，精神沉郁，常在圈舍四周趴卧；随病情发展，咳嗽逐渐加重，呼吸急促，清亮的鼻液变为黏液性、脓性并呈铁锈红色或红棕色，在鼻孔周边和上唇等处形成干的污垢块。胸部叩诊敏感、疼痛，听诊有支气管呼吸音和喘鸣音。腰背弓起，头颈伸直。眼睑肿胀，见有多量黏液性分泌物。常有腹泻。最后衰竭死亡，濒死期体温下降，病程一般 7~10 天，不死的病犊牛转为慢性病例。

临床上见得最多的是慢性型病例，多见于 1~2 月龄犊牛，临床表现与急性型病例相似，但全身症状较轻，咳嗽、腹泻、鼻涕时有时无，被毛粗乱无光，逐渐消瘦，体弱。如得不到及时有效治疗，易继发其他疾病而死亡。

3. 实验室检查

采集组织样品，如病牛的鼻拭子或肺组织等，进行牛支原体 PCR 检测，即可作出确诊。

（二）防控

1. 预防

目前我国没有牛支原体疫苗供接种预防。预防该病的关键是加强牛群引进管理，防止从疫区和发病区引入病牛和带菌牛，新引进的牛必须隔离饲养，1 个月后检疫确认无病后方可混群饲养。同时，要加强犊牛饲养管理，保持圈舍通风、卫生、干燥，冬春注意保暖，防止过度拥挤。

2. 治疗

早诊断，快隔离，早治疗。可用10%恩诺沙星注射液0.05毫升/千克体重，肌内注射，2次/天，连用3~5天；同时肌注5%氟尼辛葡甲胺注射液1毫升/25千克体重，1~2次/天，连用3~4天。口服酒石酸泰乐菌素磺胺二甲嘧啶可溶性粉1克/10千克体重，1次/天，连用5~7天。病情较重的病犊牛可结合临床症状输液治疗。

十二、牛病毒性腹泻–黏膜病

本病又称为牛病毒性腹泻或牛黏膜病，是由病毒性腹泻–黏膜病病毒引起的牛的一种接触性传染病。临床特征是发热、消化道和鼻腔黏膜发生糜烂和溃疡，腹泻，流产及胎儿发育异常等。本病呈世界性分布，我国也有发生。

（一）诊断要点

1. 流行特点

本病病原是牛病毒性腹泻病毒，又名黏膜病病毒，属黄病毒科、瘟病毒属的成员。可感染黄牛、水牛、牦牛、绵羊、山羊、猪、鹿及小袋鼠，家兔可实验感染。患病动物和带毒动物是主要传染源。病畜的分泌物和排泄物中含有病毒。绵羊多为隐性感染，但妊娠绵羊常发生流产或产出先天性患病羔羊，这种羔羊也是传染源。近年来，欧美一些国家猪的感染率很高，一般不表现临诊症状，呈隐性感染。康复牛可带毒6个月。直接或间接接触均可传染本病，主要通过消化道和呼吸道而感染，也可通过胎盘感染。

本病的流行特点是新疫区急性病例多，不论放牧牛或舍饲牛，大牛或小牛，均可感染发病，发病率一般不高，约为5%，但病死率高达90%~100%，发病牛以6~18个月者居多；老疫区急性病例很少，发病率和病死率均很低，而隐性感染率在50%以上。本病全年均可发生，但以冬末和春季多发。本病更常见于肉牛群中，封闭饲养的牛群发病时，往往呈暴发式。

2. 临床症状

潜伏期为7~14天，人工感染时2~3天。临诊表现分急性和慢性。

急性病牛突然发病，体温升高至40~42℃，持续4~7天，有的还有第2次升高。随体温升高，白细胞减少，持续1~6天。继而又有白细胞微量增多，有的可发生第2次白细胞减少。病畜精神沉郁，厌食，鼻、眼有浆液性分泌物，2~3天内鼻镜及口腔黏膜表面发生糜烂，舌面上皮坏死，流涎增多，呼气恶臭。通常在口黏膜损害之后发生严重腹泻，开始水泻，以后带有黏液和血。有些病牛常有蹄叶炎及趾间皮肤糜烂、坏死，从而导致跛行。急性病例难以恢复，常于发病后 1~2 周死亡，少数病程可拖延 1 个月。

慢性病牛多无明显发热症状，但体温可能稍高。鼻镜糜烂很明显，并可连成一片。眼常有浆液性分泌物。在口腔内很少有糜烂，但门齿齿龈通常发红。患牛因蹄叶炎及趾间皮肤糜烂、坏死而跛行。通常皮肤呈皮屑状，在鬐甲、颈部及耳后最明显。有无腹泻不定。淋巴结不肿大。多数患牛于 2~6 个月死亡。母牛在妊娠期感染本病时常发生流产，或产下有先天性缺陷的犊牛。犊牛最常见的缺陷是小脑发育不全。患犊表现轻度共济失调或无协调和站立能力，有的可能眼瞎。

3. 实验室诊断

根据发病史、症状及病变可作出初步诊断，确诊须依赖病毒的分离鉴定及血清学检查。病毒分离：病牛急性发热期间，采取血液、尿、鼻液或眼分泌物；剖检时，采取脾、骨髓、肠系膜淋巴结等病料，人工感染易感犊牛或用乳兔来分离病毒，也可用牛胎肾、牛睾丸细胞分离病毒。血清学试验：可用血清中和试验，试验时采取双份血清（间隔 3~4 周），滴度升高 4 倍以上者为阳性，本法可用于定性，也可用于定量。此外，还可应用补体结合试验、免疫荧光抗体技术、琼脂扩散试验及 PCR 等方法诊断本病。

（二）防控

1. 预防

平时预防要加强口岸检疫，从国外引进种牛、种羊、种猪时必须进行血清学检查，防止引入带毒牛、羊和猪。国内在进行牛只调拨或交易时，要加强检疫，防止本病的扩大或蔓延。近年来，猪对牛病毒性腹泻病毒的感染率日趋上升，不但增加了猪作为本病传染来源的重要性，而且由于该病毒与猪瘟病毒在分类上同属于瘟病毒属，有共同的抗原关系，从而使猪瘟的防治工作变得复杂化，因此，在本病的防治计划中，对猪的检疫也不容忽视。一旦发生本病，对病牛要隔离治疗或急宰。目前可应用弱毒疫苗或灭活疫苗来预防和控制本病。

2. 治疗

对本病目前尚无有效疗法。应用收敛剂和补液疗法可缩短恢复期，减少损失。用抗生素和磺胺类药物，可减少继发性细菌感染。

十三、皮肤真菌病

牛皮肤真菌病俗称铜钱癣、钱癣、脱毛癣、秃毛癣等，是由多种皮肤真菌引起的人和动物的一种真菌性皮肤病。主要侵害被毛、皮肤、指（趾）甲、爪、蹄等角化组织，牛主要引起头部、颈部、胸腹壁及全身多处圆形脱毛斑。

（一）诊断要点

1. 流行特点

本病的主要病原有石膏样毛癣菌、疣状毛癣菌，其中疣状毛癣菌的发病率更高。疣状毛癣菌的菌落生长缓慢，呈白色绒毛样，质地坚硬，显微观察菌丝呈丝状。长时间培养后菌落呈白色粉末状，可出现典型的链状厚垣孢子。

自然情况下牛最易感。病牛是主要传染源，本病可通过污染的用具、环境等直接或间接接触而感染。饲养环境差、皮肤和被毛卫生不良、环境气温高、湿度大等，牛消瘦，抵抗力降低情况下更容易感染和传播。该病具有较强的穿透作用和较强的传染性。本病全年均可发生，但春、夏秋末等环境温度较高时发病较多。

2. 临床症状

发病初期，皮肤开始出现丘疹，但发病范围较小，随着病程发展逐渐向外扩散，有些像丘疹互相融合形成更大片的病灶。被毛杂乱，逐渐脱落，病变处皮肤结痂，结痂的皮肤变厚，形成高于健康表皮的灰色或灰褐色隆起，有时呈鲜红色或暗红色。剥开痂皮后，皮肤呈血样溃烂面，愈合后形成圆形或椭圆形秃斑。

3. 诊断

在颈部结痂区的边缘轻轻刮取皮屑，取少许皮屑置于载玻片中央，加10%氢氧化钾溶液2滴，在火焰上微加热4分钟，加1滴纯化水，加盖玻片，轻轻加压使成薄片，驱走气泡并吸去周围溢液。用低倍镜和高倍镜镜检均可看到分支的菌丝和成串的孢子。

（二）防治措施

1. 治疗

患病局部剃毛，牙刷刷去痂块，用温水、肥皂水或1%的高锰酸钾溶液洗净病变处；通过药敏试验筛选敏感药物治疗。通常使用特比萘芬、益康唑均有理想治疗效果，其他药物如伊曲康唑、酮康唑、灰黄霉素等均有效。

2. 预防

加强饲养管理，改善卫生状况，适当降低舍饲密度。提高牛的抵抗力会减少发病率。

发现病牛，立即隔离治疗，其他牛进行检疫；病牛所处的环境、圈舍、工具等要彻底消毒，保持通风干燥。圈舍可用2%氢氧化钠溶液、0.5%过氧乙酸、3%来苏尔等喷洒或熏蒸。

车辆、工具可选用酚类、戊二醛类、季铵盐类、复方含碘类（碘、磷酸、硫酸复合物）、过氧乙酸类等消毒。

第二节 肉牛常见寄生虫病防治

一、牛日本血吸虫病

牛日本血吸虫病是指牛感染日本分体吸虫，出现消瘦、腹泻下痢、发育障碍以及母牛屡配不孕、流产等症状的血液寄生虫病。牛养殖区气候温和，湖泊、河流、水田星罗棋布，使该病常发多发，治愈后还重复感染，不仅严重危害人的健康，还危害多种家畜和野生动物。日本血吸虫病是人畜共患病，曾经是山区和丘陵地区奶牛常发病。

（一）诊断要点

1. 发病情况

山区和丘陵地区牛血吸虫病的病原是日本分体吸虫，虫体在成虫、虫卵、毛蚴、尾蚴阶段有不同的明显形态特征。成虫寄生于牛终宿主的肝门静脉和肠系膜下静脉，虫体可逆血流移行于肠黏膜下层的静脉末梢。交配后移行到静脉末梢产卵。

日本血吸虫病传染源，一是带虫的人，牛及其他家畜；二是带虫的中间钉螺；三是有尾蚴的疫水。通过接触传播，牛接触有血吸虫尾蚴的疫水，或饮疫水，或采食有疫水和带尾蚴钉螺的牧草，尾蚴就可穿透皮肤进入体内而被感染。易感动物是人，其次是奶牛、水牛、黄牛、马、骡、驴、山羊、绵羊、猪、狗等家畜，猫和家鼠，野兔、野猪等野生动物也可感染，中间宿主为钉螺。

2. 临床症状

急性病牛，主要表现为体温升高到40℃以上，呈不规则的间歇热，食欲不正常，可因严重的贫血致全身衰竭而死。常见的多为慢性，病牛进行性消瘦，被毛粗乱，无光泽，肋骨、耻骨结、坐骨结突出。消化不良，粪便中见到未消化的饲料残渣。犊牛和后备牛生长发育迟缓，个体小而成为侏儒牛，屡配不孕。腹泻，粪便稀薄，有黏液有血，有特殊的鱼腥臭味。黏膜苍白，精神迟钝，妊娠母牛阴门常有分泌物，可发生流产。病状奶牛明显高于黄牛，黄牛高于水牛，犊牛高于成年牛。若饲养管理较好，优质饲料多，营养均衡，体况好，抵抗力强，则症状不明显，常成为带虫者。

3. 实验室诊断

根据牛临床症状，结合当地血吸虫病流行情况作出初步诊断，确诊须进行实验室检查。直接使用日本血吸虫病单克隆抗体斑点酶联免疫吸附试验试剂盒进行是否阳性判定。

（二）防治

1. 预防

人畜同步控制传染源。

①普查与普治病人。各地在对人群进行普查的基础上，要对确认感染血吸虫病的病人及时进行治疗。另外，如果该地出现急感病人，也要进行普治。

②普查与普治病畜。普治病畜是控制该病传染源的一项重要措施。对于确认感染该病的病畜，都要及时用药治疗。另外，在当地牲畜的阳性率超过10%时，所有牲畜要进行普治。

③切断传播途径。查螺、灭螺，是切断传播途径的重点，灭螺主要是与农田基本建设、兴修水利相结合，彻底使钉螺繁衍滋生的环境被改变，从而减少发病。加强对粪便的管理，主要是避免人畜粪便对水源造成污染，要求制定严格的粪管制度，且粪便要采取严格的无害化处理。水源管理的重点是保护水源，提高用水卫生水平，确保饮用水经过无害化处理。

④安全放牧。对于某些无法灭螺的洲滩地区，可在进行兴林、种草、养禽、养殖改变对洲滩利用方式，同时采取安全放牧或者禁止放牧，加强动物管理。

⑤加强检疫。对于已经消灭血吸虫病地区输入的动物以及重疫区输出的动物，必须由动物防疫监督部门来检疫血吸虫病，防止造成蔓延。

2. 治疗

内服吡喹酮片，一次量100~350毫克/千克体重。用药后，如出现副反应，对症治疗。

还可用33.2%精制敌百虫粉，15毫克/千克体重，添加适量的冷水配成1%~2%溶液，灌服，注意现配现用。每天1次，连用5天。最大用量不可超过4.5克。

二、片形吸虫病

片形吸虫病是危害牛最严重的寄生虫病之一，病原常寄生于牛的肝脏、胆管中，本病以急性或慢性肝炎和胆管炎，并发全身性的中毒和营养障碍为特征，它可使犊牛生长能力下降，屠宰率降低，许多肝脏成为废品，并可使犊牛大批死亡，因而给养牛业带来很大的经济损失。

（一）诊断要点

1. 发病情况

片形吸虫虫体扁平，外观呈叶片状，自胆管取出时呈棕红色。肝片形吸虫的中间宿主为椎实螺，约有20多种，但在流行地区通常以1~2种为主。椎实螺多分布在田园、泥沟、房屋、畜舍间的沟渠或山丘间低湿地带盼浅水泥石上。

本病呈地方性流行，在我国南方气候潮湿、水域较多的地区发病严重。主要发生在低洼和沼泽地带的放牧地区。本病在每年夏、秋两季感染机会较多。

2. 临床症状

本病的症状因感染虫体种类、数量和牛体的抵抗力、年龄、饲养管理条件等不同而差异很大。轻度感染时往往不表现症状。感染数量多时（250条以上成虫），则表现症状。但对犊牛即使轻度感染也可能表现症状。发病多呈慢性经过。犊牛症状明显，成年牛一般不明显，若感染严重，营养状况差时，也能引起死亡。病牛主要表现为食欲减少，反刍异常，逐渐消瘦，被毛粗乱、易脱落，继而出现周期性瘤胃臌胀或前胃弛缓、腹泻，行动迟缓无力，黏膜苍白，后期则出现下颌、胸下水肿，按压有波动感或捏面团样感觉，但无痛热，高度贫血。如不治疗，最后可能陷于极度衰弱而死亡。

（二）防治

1. 预防

在疫区，北方地区对牛每年春、秋两季各预防性驱虫 1 次。南方地区终年放牧，每年可进行 3 次驱虫。使用硝氯酚片或硝氯酚伊维菌素片内服，治疗量减半。

同时注意消灭中间宿主，可通过改造低洼地灭螺；也可以用化学药物灭螺，如血防 67 和硫酸铜等；加强对牛的饮水和饲草卫生管理，放牧时要尽可能地选择高燥地区，饮水要用干净的泉水、井水或流动的河水，不饮死水。

2. 治疗

硝氯酚片内服，每 100 千克体重，黄牛 0.3~0.7 克，水牛 0.1~0.3 克；也可用硝氯酚伊维菌素片内服，每 100 千克体重 0.33 克。病牛粪便应堆积发酵处理后再作为粪肥使用。

三、犊新蛔虫病

犊新蛔虫病是由弓首科新蛔属的犊新蛔虫，寄生于初生犊牛的小肠内，引起的一种寄生虫病。分布遍及世界各地，我国南方各省犊牛多见本病流行。主要危害 2~5 月龄内的犊牛，出生后 2 周龄内犊牛大量感染时可引起死亡。

（一）诊断要点

1. 发病情况

犊新蛔虫成虫虫体粗大，雄虫长 15~25 厘米，雌虫长 22~30 厘米；虫体柔软且透明，易破裂，呈淡黄色。犊新蛔虫的虫卵近球形，短圆，大小为（70~80）微米×（60~66）微米，壳厚，外层呈蜂窝状，新鲜虫卵淡黄色，内含单一卵细胞。

2. 临床症状

病犊以肠炎、下泻，腹部膨大和腹痛等为主要临床特征。病初精神沉郁、嗜睡，不愿行动；继而消化不良，食欲不振，吮乳无力或停止吮乳，腹胀、腹泻、腹痛；继发感染时，粪便糊状、腥臭、带血，口腔发出刺鼻的酸味。后期病牛虚弱，贫血，消瘦，臀部肌肉无张力，站立不稳。当虫体大量寄生时，可致病犊肠阻塞或肠穿孔而死亡。

3. 实验室诊断

采用饱和食盐水漂浮法，在粪便中检查出虫卵或虫体即可确诊。

（二）防治

1. 预防

该病流行地区，对10天的犊牛全部进行1次预防性驱虫；对6月龄内犊牛全部进行普查，粪检发现新蛔虫卵囊的犊牛全部进行1次驱虫。

2. 治疗

枸橼酸哌嗪片250毫克/千克体重，盐酸左旋咪唑片7.5毫克/千克体重，混入牛奶或饮水中，1次灌服；伊维菌素注射液0.04毫升/千克体重(2毫升：10毫克)，1次皮下注射。

四、犊牛隐孢子虫病

犊牛隐孢子虫病是由隐孢子虫寄生于新生犊牛肠道所致的以腹泻、脱水为特征的一种世界性的人兽共患病。

（一）诊断要点

1. 流行特点

由小隐孢子虫寄生在犊牛的回肠、十二指肠和大肠上皮细胞内而引起。8~15日龄是犊牛隐孢子虫病的发病高峰，偶见3日龄犊牛感染，超过30日龄的犊牛则少见。感染隐孢子虫卵囊的牛犊，被牛粪污染的饮水、土壤及牛舍、产房垫料，接生员污染的手清理犊牛口腔内的羊水，污染的奶桶，不洁的灌胃器等，均可使牛隐孢子虫卵囊经口传入新生犊牛体内，经1~7天潜伏期，引起隐孢子虫感染。该病常合并感染其他肠道病原体，如轮状病毒、冠状病毒、大肠杆菌等，使病情复杂化。

2. 临床症状

少量感染小隐孢子虫的犊牛并无明显临床症状，为隐性带虫者。大量感染时表现嗜睡，体温升高；严重腹泻，粪便黄绿色，常混有血液、黏液；犊牛渐进性消瘦，被毛粗乱，运动失调；使用普通抗生素治疗无效。

3. 实验室检查

可用饱和蔗糖溶液漂浮镜检法、改良抗酸染色镜检法等，检测粪便中隐孢子虫卵囊，进行确诊。

（1）饱和蔗糖溶液漂浮镜检法　将454克蔗糖溶于355毫升蒸馏水中，

沸水浴煮 10 分钟即成饱和蔗糖溶液，静置排净气泡后分装，可室温长期保存。取粪便 1 克，放进 2.5 毫升离心管，加入清水 1 毫升，充分混匀，静置，用滴管吸取 1 滴饱和蔗糖溶液上层的粪液滴在载玻片上，随后在粪液上滴加饱和蔗糖溶液 2~3 滴，混匀。加盖玻片后在盖玻片上滴加镜油。镜检时可在上层焦点观察到边缘清晰且呈淡红色的牛隐孢子虫卵囊。

在应用饱和蔗糖溶液漂浮镜检法时，应考虑卵囊漂浮在饱和蔗糖溶液上层，常在首次出现的清晰视野内。

（2）改良抗酸染色镜检法　传统的抗酸染色操作烦琐，在规模化牧场中难以推广使用。使用市售 Kinyoun 染色液操作简单，经临床验证即可以使用。棉签蘸取待测粪便后，在载玻片上滚动几次，使粪便均匀涂抹在载玻片上，但不可过厚；用吹风机将载玻片涂层吹干；用市售 Kinyoun 染色液进行染色：依次滴加试剂 A（复红染色液）、试剂 B（脱色液）、滴加试剂 C（亚甲蓝染色液）至覆盖涂层，室温下分别染色 5 分钟、3 分钟、7 分钟，之后清水冲洗，用滤纸吸干水分后，即可在普通光学显微镜的油镜下检查。经抗酸染色后，牛隐孢子虫卵囊呈红色，背景为蓝色。

（二）防治

1. 预防

规范产房管理，严格脐带消毒，喂足优质初乳，最好将新生犊牛饲养在干净的犊牛岛或单个小隔间中，避免直接接触母牛粪便。对牛舍环境使用 30%过氧化氢、10%福尔马林、5%氨水等消毒杀卵。

2. 治疗

目前无特效治疗方法，发现病犊后及时隔离，对症治疗，牛舍消毒、杀卵。用 5%葡萄糖氯化钠注射液 1 000~1 500 毫升，25%葡萄糖注射液 250~300 毫升，5%碳酸氢钠注射液 250~300 毫升，1 次静脉注射，2~3 次/天，连用 3~5 天。可同时给患病犊牛口服补液盐。在奶桶中加入蒙脱石粉或膨润土等吸附剂。腹泻严重的犊牛，灌服螺旋霉素或阿奇霉素。

五、犊牛球虫病

犊牛球虫病是由艾美耳球虫寄生于犊牛小肠、盲肠和结肠引起的以出血性肠炎为主的原虫病。

（一）诊断要点

1. 流行特点

由艾美耳球虫寄生于犊牛小肠、盲肠和结肠引起，近年来我国规模化牛场中犊牛球虫病的发生与流行，呈暴发上升趋势，主要发病日龄集中在3.5~4月龄犊牛，也有发生在6月龄的犊牛。

2. 临床症状

病犊精神沉郁，厌食，水样腹泻，极个别犊牛粪便带血或有血凝块。因肠黏膜遭到损坏，影响饲料消化和水的吸收，约1周后，病犊明显消瘦，不吃草料，不反刍，增重停滞；严重的病例可造成死亡。

3. 实验室检查

因球虫在犊牛体内向外排出卵囊具有阶段性，每3周向外大量排卵囊的时间仅为0.5~2天，其他时间是处在无性繁殖阶段，尚无卵囊形成。因此，采用粪便饱和食盐水漂浮法检查时，在显微镜下常找不到球虫卵囊，粪便中检查到少量球虫卵囊的，反而常常是隐性感染带虫的犊牛。因此，仅根据粪便检查有无卵囊作出判断是不确切的。建议反复、多次采腹泻犊牛的粪便，进行饱和食盐水漂浮法检查球虫卵囊；或在病变部位刮取物中检查球虫裂殖体、裂殖子或卵囊，才有实际的诊断价值。

（二）防治

1. 预防

牛舍要保持干燥、通风、清洁，无积水，定期消毒；饲料和饮水保持清洁，严防粪尿污染；对病犊要及时隔离治疗；成年牛和犊牛分开饲养；哺乳母牛的乳房要经常擦洗。规模化牧场饲养在犊牛岛内的犊牛，由于实行全进全出的饲养模式，此阶段的犊牛一般不会发生球虫病。因此应在断奶混群后第3周投药预防；一般中小型养牛场和散户养牛，则可以安排在断奶时进行预防性驱虫。犊牛每次转群、重新混群，都要在混群后第3周，使用5%妥曲珠利混悬液，投药1次进行预防。

2. 治疗

可选用5%妥曲珠利混悬液内服，一次量15毫克/千克体重。

六、伊氏锥虫病

肉牛伊氏锥虫病是一种原虫病，也称作肿脚病、苏拉病，是由于血液内寄生有伊氏锥虫而导致。该病往往呈慢性经过，病牛临床上主要特征是出现间歇性发热，反复若干次就会导致机体发生贫血、浮肿，体质消瘦，以及出现一系列神经症状等。如果没有及时进行有效治疗，通常在几天或者几星期内发生死亡。

（一）诊断要点

1. 流行特点

虻及吸血的蝇类（螫蝇、虱蝇）是本病的主要传播媒介。伊氏锥虫病靠渗透作用直接吸收营养，以纵分裂方式进行繁殖。本病的传染源是各种带虫动物，包括隐性感染和临床治愈的病畜、虻、螫蝇和虱蝇等吸血昆虫为主要传播者，也能经胎盘感染。此外，消毒不完全的采血器械、注射器也能传播本病。本病流行于热带和亚热带地区，发病季节和流行地区与吸血昆虫的出现时间和活动范围相一致。

2. 临床症状

病牛体温呈现典型的间歇热，即初期体温明显升高，达到40～41.5℃，经过2～3天恢复到正常水平，然后体温再次升高，不断反复。精神萎靡，食欲不振，机体逐渐消瘦，被毛干枯，皮肤表面粗糙并存在鳞屑，呼吸困难；眼睑发生浮肿，两眼羞明并大量流泪。眼结膜先是发生充血，之后发生黄染或者呈苍白色，并存在瘀血，结膜、瞬膜存在出血点或者出血斑，并流出脓性分泌物。部分病牛的四肢无力，运步失调，举步艰难，行走不稳，排尿量减少，体表淋巴结发生肿大。有些病牛的胸部和四肢下部发生水肿。耳尖、四肢关节以及尾尖皮肤发生龟裂，有血样或者黄色液体流出。

（二）防治

1. 预防

（1）定期普查，及时发现病牛　在疫区牛场，每年至少在冬春和夏秋对全群牛进行两次检查。对检出的病牛、可疑病牛应隔离饲养，及时治疗。无病牛场，严禁从疫区引进牛只。在购入奶牛时，要对本病进行检查，阴性牛才能归群混合饲养，严防将病牛引进场内。

（2）加强灭蚊、蝇工作，消灭传播媒介　做好饲养场的消毒卫生工作；铲除畜舍内的杂草；排除污水；清除粪便、垃圾；填平污水坑；保持牛舍环境卫生，防止蚊蝇滋生。在夏秋季节，定期用杀虫药如溴氰菊酯全场喷雾灭蝇，也可喷洒畜体，以消灭蚊蝇。

(3) 药物预防　为了防止本病的传播和蔓延，在病牛场，可在每年流行季节到来之前，对牛进行预防性注射。该病通常在每年的6—9月发生，可适时使用锥灭定、安锥赛、盐酸锥双净等进行预防，注射1次有3个月的有效期。肉牛使用安锥赛预防盐进行预防时，要根据体重的大小来确定用量，一般体重小于200千克的可在颈侧中央皮下注射10毫升；体重在200~350千克肉牛的用量为15毫升，体重超过350千克肉牛的用量为20毫升。肉牛使用锥灭定进行预防时，可按0.5~1毫克/千克体重用药，经过稀释后进行深部肌内注射。

2. 治疗

对于已经发病的肉牛，要立即进行隔离，并使用贝尼尔（血虫净）治疗。一般按体重使用4毫克/千克体重，添加适量注射用水配制成10%溶液后用于肌内注射，并配合静脉注射5%葡萄糖生理盐水1 000毫升、10%安钠咖注射液20毫升。如果病牛症状严重，可重复用药2~3次。

七、牛梨形虫病

牛梨形虫病是由巴贝斯虫科泰勒科不同梨形虫寄生在牛的血液中的一种原虫病，旧称焦虫病。病牛以贫血、黄疸、血红蛋白尿为特征。由于梨形虫病必须通过蜱作为传播媒介而散布病原，所以本病的发生有明显的地区性和季节性。我国各地常有本病发生，使养牛业蒙受巨大损失。

（一）诊断要点

1. 发病情况

牛的病原主要有巴贝斯虫科的双芽巴贝斯虫、牛巴贝斯虫和卵形巴贝斯虫以及环形泰勒虫、瑟氏泰勒虫等。牛梨形虫病在流行区，以1~2岁牛发生最多，多发于6—8月，以7月为发病高峰，但2岁内犊牛感染后症状不明显，容易耐过。成年牛虽然感染率低，但感染后发病严重，致死率高，特别是老弱、使役过重的牛，病情尤为严重。当地牛感染率低；种牛和从外地引进的牛感染率高，死亡率也高。

巴贝斯虫的宿主特异性强，一般不干扰牛属以外的动物，1~7月龄以内的犊牛多是带虫者。本病多发生于夏秋两季。微小牛蜱是在野外繁殖的，因此本病常发于放牧时期。

2. 临床症状

成年牛感染后多呈急性经过，病初体温升高到39.5~41.8℃，高热稽留1周或更长，以后下降多变为间歇热。体表淋巴结肿大，有痛感。病牛精神不振，食欲减退，呼吸和心跳加快，结膜潮红，流泪。此时血液中很少发现虫体。以后当虫体大量侵入红细胞时病情加剧。体温升高到40~42℃，鼻镜干燥，精神沉郁，可视黏膜苍白或黄染，食欲废绝，反刍停止，弓腰缩腹。初便秘，后腹泻，或两者交替，粪便黄棕色。心跳亢进，血液稀薄、不易凝固，尿液淡黄色或深黄色、红褐色，尿频但无血尿。后期眼睑、尾根等薄嫩皮肤处出现扁豆大小、深红色的出血斑。病牛显著消瘦，常在病后1~2周死亡。死后见尸体消瘦，血凝不良，可视黏膜贫血、黄疸，脾肿大2~3倍，肝肿大。

3. 实验室检查

确诊需进行血液涂片，姬姆萨染色检查出虫体。

（二）防治

1. 预防

为防止本病发生，应制定综合性预防措施，主要是消灭圈舍内的成蜱，驱除牛体上的幼蜱和稚蜱，防止外来牛只将蜱带入本地，并防止从发病地区牛将蜱带到非疫区。0.05%蝇毒磷、0.01%~0.02%蜱虱敌（拜耳9037）喷洒、药浴或涂抹牛体，以消灭蜱虫。

2. 治疗

治疗本病的原则是对病牛要早确诊、早治疗，同时要加强对病畜的护理，有可能时可进行输血（每次500~1 000毫升）。一般可用维生素B_{12}，肌内或静脉注射，大牛1次80~120毫克，对改善贫血有良好作用。常用的治疗药物有贝尼尔、黄色素和阿卡普林等。

贝尼尔又叫血虫净，常配成5%~7%溶液，深部肌内注射，每次每千克体重5~8毫克，除作肌内和皮下注射外，还可用1%的水溶液作静脉注射，每天或隔天注射1次，连用2~3次。

黄色素配成0.5%~1%溶液静脉注射，每千克体重3~4毫克，极量2克，3天后再重复1次。

阿卡普林，为治疗梨形虫病的特效药，可按每千克体重一次量0.5~1毫克，或每100千克体重用5%阿卡普林液1.5~3毫升作肌内注射，禁止静脉注射。每隔数小时1次。

八、牛皮蝇蛆病

牛皮蝇蛆病是由牛皮蝇和纹皮蝇的幼虫寄生于牛的背部皮下组织所引起的一种慢性寄生虫病。本病在我国西北、东北地区和内蒙古牧区流行严重，其他省份的牛也有发生。由于皮蝇幼虫的寄生，可使牛消瘦，育肥牛长肉速度下降，皮革质量降低，因而给养牛业造成巨大损失。

（一）诊断要点

1. 发病情况

牛皮蝇成虫较大，体表密生有色长绒毛，形状似蜂。其口器退化，不能采食，也不能叮咬牛体。成蝇体长约 15 毫米，毛为淡黄色。其卵可粘附于牛毛上。纹皮蝇体长约 13 毫米，胸背部显示有 4 条黑色发亮的纵纹，卵与牛皮蝇卵相似，可以粘附于牛毛上。牛皮蝇和纹皮蝇整个发育过程经卵、幼虫、蛹和成虫四个阶段。牛皮蝇的卵产于牛的四肢上部、腹部、乳房和体侧的被毛上；纹皮蝇卵产于后腿球节附近和前腿部。牛皮蝇的第一期幼虫沿毛孔钻入皮内，不经食管直接向背部移动。纹皮蝇的第二期幼虫经食管顺膈肌向背部移行。均在背部发育成第三期幼虫，后由皮孔钻出，落在地上或厩舍内变为蛹。

2. 临床症状

当幼虫钻入皮肤时，引起牛皮肤痛痒，精神不安，患部生痂。幼虫在深层组织内移行时，造成组织损伤。幼虫寄生在食管时，可引起黏膜发炎。当幼虫移行到背部皮下时，可引起皮下结缔组织增生，在寄生部位发生肿瘤状隆起和皮下蜂窝织炎。皮肤先稍隆起，后穿孔。局部感染后形成瘘管。由于皮蝇幼虫毒素的作用，还可引起贫血和肌肉稀血症。严重感染时，病牛消瘦，肉质降低。犊牛生长缓慢，贫血。若幼虫钻入延脑或大脑角，可引起神经症状，使患牛常作后退运动、突然倒地、麻痹或晕厥等，重者可造成死亡。当雌蝇在牛群飞翔产卵时，也可引起牛群不安，踢腹，恐惧，吃草不得安宁，日久病牛常变得消瘦。

在病牛的背部皮肤上可以摸到长圆形的硬结，再经 1 个多月出现肿瘤样的隆起，在隆起的皮肤上有小孔，小孔周围堆积着干涸的脓痂，小孔通过结缔组织囊，内含皮蝇幼虫，再结合发病季节和当地情况、牛群来源等即可确诊。

（二）防治

1. 预防

消灭牛体内幼虫对防治牛皮蝇蛆病具有极其重要的作用。在流行地区，每逢皮蝇活动季节，可用2%敌百虫溶液对牛体进行喷洒，每隔10天喷洒1次，可有效杀死产卵的雌蝇及幼虫。

2. 治疗

使用0.1%蝇毒磷溶液，按1：（2~5）比例稀释，配成0.02%~0.05%的乳剂，外用涂擦。禁止与其他有机磷化合物即胆碱酯酶抑制剂合用。

也可用33.2%精制敌百虫粉，内服，一次量，60.2~120.5毫克/千克体重。禁与碱性药物合用。

还可用精制敌百虫片，1片（0.3克）兑水30毫升，配成1%溶液，在牛背部涂擦2~3分钟，涂擦时间一般从3月中旬开始至5月底，每隔30天处理1次，共处理2~3次，即可达到全面防治的目的。

九、螨病

螨病又称疥癣，俗称癞病，是由疥螨和痒螨等引起的慢性皮肤病。常因引起病牛皮肤瘙痒，影响育肥牛的生长和皮革质量。

（一）诊断要点

疥螨又称穿孔疥虫，寄生于表皮深层，吸食组织及淋巴液。外形呈龟形，浅黄色，背面隆起，腹面扁平，大小为0.15~0.45毫米。成虫8条腿，幼虫6条腿。

痒螨又称吸吮痒虫，寄生于皮肤表面，以其口器刺吸淋巴液。外形长圆形，虫体较大，为0.5~0.9毫米，肉眼可见。痒螨通常聚集在病变部和健康皮肤的交界处。牛痒螨病多从颈部、角基部和尾根部开始，继而延及垂肉和肩侧。严重时可波及全身。由于患部奇痒，病牛常在墙壁、木桩、石块等物体上摩擦，或用后肢搔抓患部，患部皮肤先出现针头大至粟粒大的结节，后形成水疱和脓疱，继而最后形成痂皮。有些患部皮肤增厚、变硬并形成裂缝，病牛长螨处先是牛毛成束，以后毛束逐渐大批脱落。

（二）治疗

常用的灭螨药有：用0.5%~1%敌百虫溶液涂擦，用16%蝇毒磷粉剂配成0.05%浓度水溶液喷洒，20%蝇毒磷乳油配成0.05%溶液喷洒，松节油擦剂以及废机油等涂擦患部皮肤。

十、消化道线虫病

肉牛消化道线虫病是由于消化道内寄生多种线虫导致的一系列寄生虫病的总称。由于消化道线虫种类多，常是在同一头病牛的消化道内存在不同种类和数量虫体而共同造成危害，也可单独致病。虫体会影响消化机能，加之其产生的毒素能够使胃肠功能失调，造成胃肠道内容物发酵异常而产生大量气体，使胃肠发生麻痹性臌胀，可引起腹部增大和胃部膨胀，且有时交替发生腹泻和便秘，危害健康。

（一）诊断要点

1. 流行特点

寄生于牛消化道内的线虫种类很多，常见的有捻转血矛线虫、仰口线虫（钩虫）、结节虫（食道口线虫）等，且多为混合感染。

捻转血矛线虫雌虫都能够透过表皮看到体内红色的肠管和白色的生殖器相互缠绕，如同“油炸麻花”状，因此也称为捻转胃虫。虫体长度在15~30毫米，主要在真胃内寄生，主要以吸取血液为食。一般来说，胃内寄生的成虫能够生存大约1年。

仰口线虫（钩虫）主要在小肠内寄生，虫体呈粉红色，较为粗大，长度为10~28毫米，生长一个发达的口囊，其头部稍微弯向背面。

结节虫（食道口线虫）主要在大肠内寄生，虫体较为粗大，与仰口线虫类似，但前部如钩样弯曲。另外，当该虫在肠黏膜上寄生时，会形成坚硬的结节，呈绿豆大小，因此也叫作“结节虫”。

在全国各地均有不同程度的发生和流行。消化道线虫的发育均不需要中间宿主，多数种类的虫卵排到外界后即可孵出幼虫，幼虫经两次蜕皮发育为第三期幼虫（侵袭性幼虫），即可经口感染宿主。从卵的排出到第三期幼虫的形成，需6~7天。也有的侵袭性幼虫（钩虫）可通过皮肤感染。虫卵对外界的抵抗力较强，最适发育温度为20~30℃。只要温、湿度和光照适宜，特别在早、晚和小雨后的初晴天，草叶湿润，日光不十分强烈，这时幼虫大量向草叶上爬行，是牛被感染的最易发生时机。有时在一个露滴内就含有几十条甚至上百条幼虫。

2. 临床症状

由于引起肉牛消化道线虫病的虫体种类多，加之牛感染在临床上往往不会表现出特征性症状，但会长时间处于亚临床状态，只有在机体抵抗力降低或者缺少营养时才会表现出明显临床症状，因此病程持续时间较长。各种消化道线虫引起的病状大致相似，对牛可造成不同程度的危害。其中，以捻转血矛线虫危害最大，也是每年春乏季节引起大批死亡的重要原因之一，给养殖业造成巨大的经济损失。

病牛真胃内可寄生大量捻转血矛线虫虫体，通常超过几千条，会导致真胃发炎和出血，即使虫体离开侵害部位依旧会在一段时间出血。病牛会表现出一系列的营养不良等症状，如体型消瘦，被毛粗乱，精神不振，走动无力，眼结膜苍白，下颌和下腹部发生水肿，排出干燥且带有黏液的粪便，病程能够持续 2~3 个月，有时甚至更长。犊牛患病后往往会发生死亡，而成年牛由于具有较强的抵抗力基本不会发生死亡。

牛感染仰口线虫不同发育阶段的虫体和感染途径不同，会导致症状存在一定差异。当幼虫侵入病牛皮肤时，会导致皮炎，并伴有瘙痒；当大量幼虫侵入肺部时，会导致肺炎；当小肠内寄生成虫时，会导致肠黏膜受损，使肠黏膜多个部位发生出血，引起出血性肠炎，主要是表现出贫血症状，如黏膜苍白，皮下发生水肿，体型消瘦，消化异常顽固性下痢，排出带血粪便等。同时，虫体分泌的毒素能够阻碍生成红细胞，引起再生不良性贫血，促使贫血症状更加严重，有时甚至造成死亡。另外，如果妊娠母牛感染幼虫，其能够通过胎盘导致胎儿被感染。

牛肠道内感染结节虫的幼虫时，会导致肠壁发炎，且感染轻时不会表现出明显的症状，感染严重时会发生顽固性下痢，伴有腹痛，弓背，伸展后肢，翘尾，排出带有黏液的暗绿色粪便，有时还会混杂血丝。如果病情不断恶化，病牛会由于严重脱水而死亡。当病牛转入慢性时，会表现出瘦弱、被毛粗乱、贫血以及间歇性下痢等症状。

（二）防治

1. 预防

制定合理的轮牧制度，牛群禁止放牧于低湿草地，且不放“露水草”，不可饮用坑内水或者死水。重视粪便管理，要尽量收集粪便，并采取堆积发酵。

定期驱虫，一般可安排在每年秋末进入舍饲后（12 月至翌年 1 月）和春季放牧前（3—4 月）各 1 次。但因地区不同，选择驱虫时间和次数可依具体情况而定；粪便要经过堆积发酵处理；牛群应饮用自来水、井水或干净的流水；尽量避免在潮湿低洼地带和早、晚及雨后时放牧，禁放露水草，有条件的地方可以实施轮牧。

2. 治疗

芬苯达唑，病牛内服 5～7.5 毫克/千克体重，每天 1 次，连续使用 3～5 天。

伊维菌素，按每 100 克与 300 千克饲料混饲，连续使用 5～7 天；或者皮下注射 0.2 毫克/千克体重，经过 1 周再注射 1 次，停药期为 35 天。

阿维菌素粉，病牛内服 0.3 毫克/千克体重，每天 1 次，连续使用 3 天；阿维菌素注射液，皮下注射 0.2 毫克/千克体重，经过 1 周后再注射 1 次。

5%芬苯达唑粉，以本品计，内服，1 次量，100～150 毫克/千克体重。

阿苯达唑伊维菌预混剂，以本品计，内服，1 次量，120 毫克/千克体重。

参考文献

陈凤英，依夏·孟根花儿，王敬东，2019. 肉牛规模化生态养殖技术［M］. 北京：中国农业科学技术出版社.

李宏全，2013. 门诊兽医手册［M］. 北京：中国农业出版社.

梁小军，侯鹏霞，张巧娥，2022. 肉牛规范化养殖技术［M］. 银川：黄河出版集团/阳光出版社.

刘强，闫益波，2013. 肉牛标准化规模养殖技术［M］. 北京：中国农业科学技术出版社.

马继芳，2018. 肉牛高产高效养殖技术示范与推广效果［J］. 当代畜牧（14）：20-21.

任青松，2019. 河北省肉牛规模化养殖发展对策研究［D］. 保定：河北农业大学.

赵拴平，2023. 肉牛优质高效养殖技术［M］. 合肥：安徽科学技术出版社.